BIM 技术与应用系列教程

U0290471

基于 BIM 的 Revit 综合布线设计实例教程

胡仁喜　刘昌丽　编　著

电子工业出版社

Publishing House of Electronics Industry

北京·BEIJING

内 容 简 介

本书以某服务中心综合布线设计实例为主线，重点介绍了 Autodesk Revit MEP 2020 的各种基本操作方法和技巧及新功能。全书共 11 章，内容包括 Autodesk Revit MEP 2020 入门、MEP 设置、自动喷水灭火系统、消火栓给水系统、送风系统、空调系统、排风和防排烟系统、照明系统、应急照明系统、系统检查和工程量统计。在介绍该软件的过程中，本书注重由浅入深、从易到难，各章节既相对独立又前后关联。编者根据自己多年经验及学习者的心理，及时给出总结和相关提示，帮助读者快捷地掌握所学知识。

本书内容翔实、图文并茂、语言简洁、思路清晰、实例丰富，可以作为相关院校的教材，也可以作为初学者的自学指导书。

图书在版编目（CIP）数据

基于 BIM 的 Revit 综合布线设计实例教程 / 胡仁喜，刘昌丽编著. —北京：电子工业出版社，2021.10

ISBN 978-7-121-42025-2

Ⅰ．①基… Ⅱ．①胡… ②刘… Ⅲ．①计算机网络—布线—教材 Ⅳ．①TP393.03

中国版本图书馆 CIP 数据核字（2021）第 188733 号

责任编辑：王昭松　　　　　　　特约编辑：田学清
印　　刷：三河市鑫金马印装有限公司
装　　订：三河市鑫金马印装有限公司
出版发行：电子工业出版社
　　　　　北京市海淀区万寿路 173 信箱　　邮编：100036
开　　本：787×1092　　1/16　　印张：15　　字数：346.6 千字
版　　次：2021 年 10 月第 1 版
印　　次：2021 年 10 月第 1 次印刷
定　　价：49.00 元

凡所购买电子工业出版社图书有缺损问题，请向购买书店调换。若书店售缺，请与本社发行部联系，联系及邮购电话：（010）88254888，88258888。

质量投诉请发邮件至 zlts@phei.com.cn，盗版侵权举报请发邮件到 dbqq@phei.com.cn。

本书咨询联系方式：（010）88254015，wangzs@phei.com.cn，QQ83169290。

建筑行业的竞争极为激烈，我们需要采用独特的技术帮助专业人员充分发挥其技能和经验。建筑信息模型（Building Information Modeling，BIM）支持建筑师在施工前更好地预测竣工后的建筑，使建筑师在日益复杂的商业环境中保持竞争优势。BIM 以建筑工程项目的各项相关信息数据为基础，建立三维建筑模型，通过数字信息仿真模拟建筑物所具有的真实信息。它涵盖了几何学、空间关系、地理资讯、各种建筑元件的性质及数量。BIM 可以用来展示整个建筑的生命周期，包括兴建过程及运营过程，可以十分方便地提取建筑内材料的信息，可以呈现建筑内各个部分、各个系统。

Autodesk Revit MEP 是面向机电管道（MEP）工程师的 BIM 解决方案，具有专门用于建筑系统设计和分析的工具。借助 Autodesk Revit MEP，工程师在早期设计阶段就能做出明智的决策，因为工程师可以在建筑施工前获得精确可视化的建筑系统模型。软件内置的分析功能不仅可以帮助用户创建持续性强的设计内容，还可以通过多种合作伙伴应用共享这些内容，从而提高建筑效能和效率。使用 BIM 有利于保持设计和数据的协调统一，最大限度地减少错误，增强工程师团队与建筑师团队之间的协作性。

本书是一本针对 Autodesk Revit MEP 2020 的教学相结合的指导书。内容全面、具体，适合不同读者的需求。为了在有限的篇幅内提高知识集中程度，编者对所讲述的知识点进行了精心剪裁。通过实例操作驱动知识点讲解，读者在实例操作过程中可以牢固掌握软件功能。实例的种类非常丰富，既有知识点讲解的小实例，又有几个知识点或全章知识点的综合实例。各种实例交错讲解，以达到巩固理解的目的。

本书除了利用传统的纸面讲解，还随书配有电子资料包（可登录 www.hxedu.com.cn 免费领取），包含全书实例源文件（原始文件和结果文件）和操作过程视频。为了增强教学效果，进一步方便读者学习，编者亲自对视频进行了配音讲解，通过扫描书中的二维码，观看总时长约 4 小时的操作过程视频文件，读者可以像看电影一样轻松愉悦地学习本书。

本书由河北交通职业技术学院的胡仁喜博士和石家庄三维书屋文化传播有限公司的刘昌丽老师编写。其中胡仁喜编写了第 1~6 章，刘昌丽编写了第 7~11 章。

由于编者水平有限，书中疏漏之处在所难免，不当之处恳请读者批评指正。读者在学习过程中有任何问题，欢迎通过邮箱 714491436@qq.com 与我们联系，也欢迎读者加入三维书屋图书学习交流 QQ 群 725195807 交流探讨，我们将在线提供问题咨询解答及软件安装服务。需要授课 PPT 文件的老师也可以联系我们索取。

编　者

2021 年 8 月

CONTENTS

目 录

第 1 章

Autodesk Revit MEP 2020 入门

 ## 知识导引

Autodesk Revit MEP 是一种能够按照用户的思维方式工作的智能设计工具。它通过数据驱动的系统建模和设计来优化建筑设备与管道专业工程。在基于 Revit reg 的工作流中，它可以最大限度地解决设备专业设计团队之间及建筑师和工程师之间的协调问题。本章内容包括 Autodesk Revit MEP 概述、Autodesk Revit 2020 界面介绍和文件管理。

‖ 1.1 BIM 概述 ‖

1.1.1 BIM 简介

建筑信息模型（Building Information Modeling，BIM）以建筑工程项目的各项相关信息数据为基础，建立三维建筑模型，通过数字信息仿真模拟建筑物所具有的真实信息。

BIM 涵盖了几何学、空间关系、地理资讯、各种建筑元件的性质及数量，可以用来展示整个建筑的生命周期，包括兴建过程及运营过程，可以十分方便地提取建筑内材料的信息，可以呈现建筑内各个部分、各个系统。

BIM 是一种用于工程设计、建造、管理的数据化工具，通过对建筑模型进行数据化和信息化整合，在项目策划、运行和维护的全生命周期中进行共享和传递。工程技术人员可以通过 BIM 对各种建筑信息进行正确理解和高效应对，为设计、施工、运营等单位提供协同工作的基础，在提高效率、节约成本方面发挥重要作用。

BIM 可被视为数码化的建筑三维几何模型，这个模型包含所有建筑构件的信息，除几何外，都具有建筑或工程的数据。这些数据为程序系统提供充分的计算依据，使这些程序能自动计算出查询者所需要的准确信息。此处的信息可能具有很多表达形式，如建筑平面图、立面图、剖面图、详图、三维立体视图、透视图、材料表，或者计算每个房间自然采光的照明效果、所需要的空调通风量、冬夏季需要的空调电力消耗等。

1.1.2 BIM 的特点

BIM 具有可视化、协调性、模拟性、优化性、可出图性、一体化性、参数化性和信息完备性八大特点。

1. 可视化

可视化就是"所见即所得"，对建筑行业来说，可视化在建筑行业中的作用是非常大的。例如，通常拿到的施工图纸只是各个构件的信息在图纸上采用线条形式的表达，真正的建筑形式需要建筑行业参与人员自行想象，对于一般的简单的构造形式，这种想象也未尝不可，但是近几年建筑行业中建筑的形式各异，复杂造型不断推出，这种光靠想象的方式未免有点不太现实了，所以，BIM 提供了可视化的思路，将以往线条式的构件以一种三维立体实物图形的形式展示在人们的面前。以往，建筑效果图通常被分包给专业的效果图制作团队进行识读和设计，并不是通过构件的信息自动生成的，缺少同构件之间的互动性和反馈性，然而 BIM 的可视化是一种能够同构件之间形成互动性和反馈性的可视化，在 BIM 中，整个过程都是可视化的，不仅可以用来展示效果图及生成的报表，而且项目设计、建造、运营过程中的沟通、讨论、决策等都可以在可视化状态下进行。

2. 协调性

协调性是建筑行业的重点内容，不管是施工单位还是业主及设计单位，都在做着协调及配合的工作。一旦项目在实施过程中遇到了问题，就要将有关人员组织起来开协调会，找出施工问题发生的原因并给出解决方法。那么，问题协调真的就只能在出现问题后再进行吗？在设计时，由于各专业设计师之间的沟通不到位，往往会出现各专业间的碰撞问题。例如，暖通等专业中的管道在进行布置时，由于施工图是各自绘制在各自的施工图纸上的，因此在真正的施工过程中，可能在布置管线时在此处正好有结构设计的梁等构件妨碍管线的布置。像这样的碰撞问题的协调就只能在问题出现之后再进行吗？BIM 的协调性可以帮助处理这种问题，也就是说，BIM 可以在建筑物建造前期对各专业间的碰撞问题进行协调，生成并提供协调数据。当然，BIM 的协调性不仅可以解决各专业间的碰撞问题，还可以解决如电梯井与其他设计布置之协调、防火分区与其他设计布置之协调、地下排水与其他设计布置之协调等问题。

3. 模拟性

模拟性不仅可以模拟设计出建筑模型，还可以模拟不能够在真实世界中进行操作的事物。在设计阶段，BIM 可以对设计上需要进行模拟的场景进行模拟实验，如节能模拟、紧急疏散模拟、日照模拟、热能传导模拟等。在招投标和施工阶段，可以进行 4D 模拟（3D 模型加项目的发展时间），也就是根据施工的组织设计模拟实际施工，从而确定合理的施工方案来指导施工。也可以进行 5D 模拟（基于 3D 模型的造价控制），从而实现成本控制。例如，在后期运营阶段，可以模拟日常紧急情况的处理方式，如地震时人员逃生模拟、火灾时消防人员疏散模拟等。

4．优化性

事实上，整个设计、施工、运营的过程就是一个不断优化的过程，优化和 BIM 不存在实质性的必然联系，但在 BIM 的基础上可以更好地进行优化。优化受三种因素的制约：信息、复杂程度和时间。没有准确的信息做不出合理的优化结果，BIM 提供建筑物的实际存在信息，如几何信息、物理信息、规则信息，还提供建筑物变化以后的实际存在信息。当建筑物的复杂程度高到一定程度时，参与人员依靠自身的能力将无法掌握所有的信息，必须基于一定的科学技术和设备的帮助，BIM 及与其配套的各种优化工具为对复杂项目进行优化提供可能。在工程项目中，如果因为操作不合理导致施工进度落后，则很容易使工期延长，进而增加施工成本，因此工期对施工单位极为重要，利用 BIM 能够合理优化工期。基于 BIM 的优化可以做如下工作。

（1）项目设计方案优化：把项目设计和投资回报分析结合起来，项目设计变化对投资回报的影响可以实时计算出来，这样业主就知道哪种项目设计方案更符合自身的需求。

（2）特殊项目设计方案优化：在裙楼、幕墙、屋顶、大空间等特殊项目中到处可以看到异型设计，这些特殊项目看起来占整个建筑物的比例不大，但是占投资和工作量的比例往往很大，而且通常是施工难度比较大和施工问题比较多的地方，对这些特殊项目的设计方案进行优化，可以显著改进工期和造价。

5．可出图性

通过对建筑物进行可视化展示、协调、模拟、优化，BIM 可以帮助业主出如下图纸。
（1）综合管线图（经过碰撞检查和设计修改，消除相应错误以后）。
（2）综合结构留洞图（预埋套管图）。
（3）碰撞检查侦错报告和建议改进方案。

6．一体化性

基于 BIM 可进行从技术到施工，再到运营，贯穿工程项目全生命周期的一体化管理。BIM 的技术核心是一个由计算机 3D 模型形成的数据库，不仅包含建筑物的设计信息，而且可以容纳从设计到建成使用，甚至是使用周期终结的全过程信息。

7．参数化性

BIM 通过参数而不通过数字建立和分析建筑模型，简单地改变建筑模型中的参数值就能建立和分析新的建筑模型。BIM 中图元是以构件的形式出现的，这些构件之间的不同是通过参数的调整反映出来的，参数保存了图元作为数字化建筑构件的所有信息。

8．信息完备性

信息完备性体现在 BIM 可对工程对象进行 3D 几何信息和拓扑关系的描述，以及完整的工程信息描述。

1.2 Autodesk Revit MEP 概述

Autodesk Revit MEP 通过数据驱动系统建模和设计，优化建筑设备与管道专业工程（MEP 是机械、电气、管道三个专业的英文缩写）。Autodesk Revit MEP 是基于 BIM，面向建筑设备及管道专业设计和制图的软件。

1.2.1 特性

Autodesk Revit MEP 具有以下特性。

1．建筑模型建立与配置

Autodesk Revit MEP 的建筑模型建立与配置工具，能让工程师以更精确的方式轻松建立机械工业、机电工程系统。自动化的布线解决方案，能让用户建立管道工程、卫生工程与配管系统，或者以手动方式配置照明与电力系统。Autodesk Revit MEP 的参数式变更技术，意味着凡是 MEP 的建筑模型有变更，都会在整个建筑模型中自动调整。维持单一且一致的建筑模型，有助于保持图面协调一致，并减少错误。

2．具备建筑效能分析的永续设计

Autodesk Revit MEP 可以产生丰富的建筑模型，呈现拟真的实时设计情境，协助用户及早在设计过程中做出更明智的决策。项目团队成员能以原生的整合式分析工具，进一步达成设计目标和永续性方案、执行能源消耗分析、评估系统负荷，并产生加热与冷却荷载报告。Autodesk Revit MEP 还能将绿色建筑可扩展标记语言（gbXML）以档案形式记录下来，搭配 Autodesk Ecotect 分析软件、Autodesk Green Building Studio 网页式服务，以及第三方应用程序，进行永续设计与分析。

3．更优异的工程设计

如今的复杂建筑需要通过更尖端的系统工程工具优化效率与使用效能。项目日益复杂，机械工业中的机电工程师及其庞大的团队之间需要清楚沟通设计与设计变更。Autodesk Revit MEP 具有专门的系统分析与优化工具，能让项目团队成员实时获得 MEP 设计方面的回馈，因此能及早完成效能更高的设计。

1.2.2 功能

Autodesk Revit MEP 是一款智能的设计和制图软件，能按工程师的思维方式工作。使用 Revit 软件可以最大限度地解决建筑设备专业设计团队之间，以及建筑师和工程师之间的协调问题。此外，Autodesk Revit MEP 还能为工程师提供更佳的决策参考和建筑性能分析。

Autodesk Revit MEP 具有以下功能。

1．暖通设计准则

Autodesk Revit MEP 使用设计参数和显示图例创建着色平面图，直观地沟通设计意图，无须解读复杂的电子表格及明细表。使用着色平面图可以加速设计评审，并将用户的设计准则呈现给客户审核和确认。色彩填充与建筑模型中的参数值相关联，因此当设计变更时，着色平面图可自动更新。可创建任意数量的示意图，并在项目周期内轻松维护这些示意图。

2．暖通风道及管道系统建模

Autodesk Revit MEP 的暖通功能提供针对管网及布管的三维建模功能，可用于创建暖通系统。即使是初次使用 Autodesk Revit MEP 的用户，也能借助直观的布局设计工具轻松、高效地创建 3D 模型。可以使用内置的计算器一次性确定总管、支管甚至整个系统的尺寸。可以在几乎所有视图中，通过在屏幕上拖放设计元素移动或修改设计，从而轻松修改建筑模型。在任一视图中做出修改时，所有的建筑模型视图及图纸都能自动协调变更，因此始终能够提供准确一致的设计及文档。

3．电力照明和电路

Autodesk Revit MEP 可通过电路追踪负载、连接设备的数量及电路长度，最大限度地减少电气设计错误。定义导线类型、电压范围、配电系统及需求系统，有助于确保设计中电路连接的正确性，防止过载及错配电压问题。在设计时，软件可以识别电压下降，应用减额系数，甚至可以计算馈进器及配电盘的预计需求负载，进而调整设备。此外，还可以充分利用电路分析工具，快速计算总负载并生成报告，获得精确的文档。

4．电力照明计算

Autodesk Revit MEP 利用配电盘方法，根据房间内的照明装置自动估算照明级别，设置室内平面的反射值，将行业标准的 IES（美国照明工程学会）数据附加至照明系统，并定义计算工作平面的高度，然后让 Autodesk Revit MEP 自动估算房间的平均照明值。

5．给排水系统建模

借助 Autodesk Revit MEP 可以为管道系统布局创建全面的三维参数化建筑模型。借助智能的布局设计工具，可轻松、快捷地创建 3D 模型。只需在屏幕上拖动设计元素，就可在几乎所有视图中同时移动或更改设计。可以根据行业规范设计倾斜管道，在设计时，只需定义坡度并进行管道布局，该软件会自动布置所有的升高和降低，并计算管底高程。在任何一处视图中做出修改时，所有的建筑模型视图及图纸都能自动协调变更，因此始终能够提供准确一致的设计及文档。

6．Revit 参数化构件

参数化构件是 Autodesk Revit MEP 中所有建筑元素的基础。它们为设计思考和创意构建提供了一个开放的图形式系统，同时让用户能以逐步细化的方式表达设计意图。参数化构件可用最错综复杂的建筑设备及管道系统进行装配。最重要的是，无须任何编程语言或代码。

7．双向关联性

任何一处变更，所有相关内容随之自动变更。所有 Autodesk Revit MEP 建筑模型信息都存储在一个位置，因此，任一信息变更都可以同时有效地更新到整个建筑模型中。参数化技术能够自动管理所有变更。

8．Revit Architecture 支持

由于 Autodesk Revit MEP 基于 Revit 技术，因此在复杂的建筑设计流程中可以非常轻松地实现设备专业团队成员之间，以及使用 Revit Architecture 的建筑师之间的协作。

9．建筑性能分析

借助建筑性能分析工具，可以充分发挥 BIM 的效能，为决策制定提供更好的支持。Autodesk Revit MEP 能够为可持续性设计提供帮助，为改善建筑性能提供支持。通过 Autodesk Revit MEP 和 IES Virtual Environment 集成，可执行冷热负载分析、LEED 日光分析和热能分析等多种分析。

10．导入/导出数据到第三方分析软件

Autodesk Revit MEP 支持导入建筑模型到 gbXML，进行能源与负载分析。分析结束后，可重新导回数据，并将结果存入建筑模型。如果要进行其他分析和计算，则可导出相同信息到电子表格，以便与不使用 Autodesk Revit MEP 的团队成员进行共享。

‖ 1.3　Autodesk Revit 2020 界面介绍 ‖

在学习 Autodesk Revit MEP 之前，首先要了解 Autodesk Revit 2020 的操作界面。Autodesk Revit 2020 比较人性化，不仅提供了便捷的操作工具，便于初级用户快速熟悉操作环境，而且对熟悉该软件的用户而言，操作也很方便。

单击桌面上的 Autodesk Revit 2020 图标，进入如图 1-1 所示的 Autodesk Revit 2020 主页，执行"模型"→"新建"命令，新建一个项目文件，进入 Autodesk Revit 2020 绘图主界面，如图 1-2 所示。

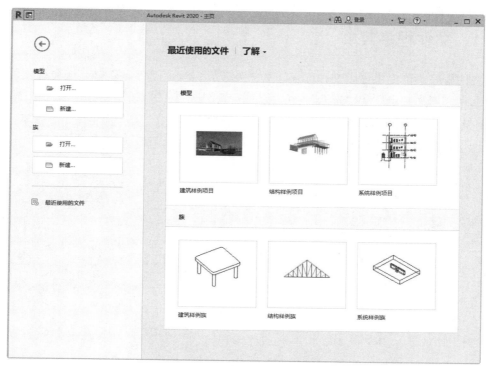

图 1-1　Autodesk Revit 2020 主页

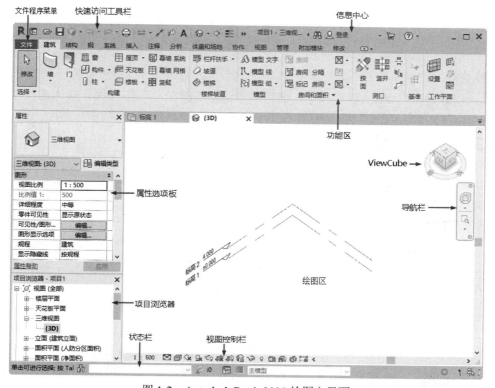

图 1-2　Autodesk Revit 2020 绘图主界面

1.3.1　文件程序菜单

文件程序菜单提供常用文件操作，如"新建""打开""保存"等，还允许使用更高级的工具（如"导出"和"发布"）管理文件。单击"文件"按钮，打开文件程序菜单，如图 1-3 所示。文件程序菜单无法在功能区中移动。

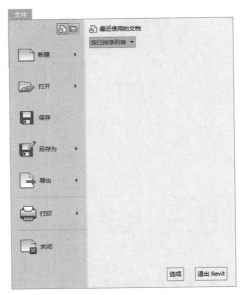

图 1-3　文件程序菜单

要查看每个菜单的选项，应单击其右侧的箭头，打开下一级菜单，单击所需的选项即可进行相应操作。也可以直接单击文件程序菜单左侧的主要按钮执行默认的操作。

1.3.2　快速访问工具栏

在主界面左上角图标的右侧，系统列出了一排工具按钮，即快速访问工具栏，用户可以直接单击相应的按钮进行命令操作。

单击快速访问工具栏上的"自定义访问工具栏"按钮，打开如图 1-4 所示的下拉菜单，可以对该工具栏进行自定义选择，勾选命令即可在快速访问工具栏上显示，取消勾选命令即可隐藏。

在快速访问工具栏的某个工具按钮上右击，打开如图 1-5 所示的快捷菜单，单击"从快速访问工具栏中删除"选项，即可删除该工具按钮；单击"添加分隔符"选项，即可在该工具按钮的右侧添加分隔符；单击"在功能区下方显示快速访问工具栏"选项，快速访问工具栏即可显示在功能区的下方；单击"自定义快速访问工具栏"选项，打开如图 1-6 所示的"自定义快速访问工具栏"对话框，即可对快速访问工具栏中的工具按钮进行排序、添加或删除分隔符等操作。

图 1-4　下拉菜单　　　　　图 1-5　快捷菜单　　　　图 1-6　"自定义快速访问工具栏"对话框

- "上移"按钮⬆或"下移"按钮⬇：在对话框的列表框中选择选项，然后单击"上移"按钮⬆或"下移"按钮⬇，将该选项移动到所需位置。
- "添加分隔符"按钮▢▯：选择要显示在分隔符上方的工具，然后单击"添加分隔符"按钮▢▯，添加分隔符。
- "删除"按钮✖：从工具栏中删除工具或分隔符。

在功能区上的任意工具按钮上右击，打开快捷菜单，然后单击"添加到快速访问工具栏"选项，该工具按钮即可添加到快速访问工具栏中默认选项的右侧。

注意：
上下文选项卡中的某些工具无法添加到快速访问工具栏。

1.3.3　信息中心

信息中心包含一些常用的数据交互访问工具，如图 1-7 所示，利用它可以访问与产品相关的信息源。

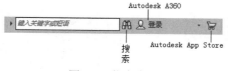

图 1-7　信息中心

- 搜索：在"搜索"文本框中输入要搜索的信息的关键字，然后单击"搜索"按钮🔍，可以在联机帮助中快速查找信息。

- Autodesk A360：使用该工具可以访问与 Autodesk Account 相同的服务，增加 Autodesk A360 的移动性和协作优势。个人用户通过申请的 Autodesk 账户登录自己的云平台。
- Autodesk App Store：单击此按钮，可以登录 Autodesk 的官方网站，下载不同系列软件的插件。

1.3.4 功能区

功能区位于快速访问工具栏的下方，是创建建筑设计项目所有工具的集合。Autodesk Revit 2020 将这些工具按类别放在不同选项卡的面板中，如图 1-8 所示。

图 1-8　功能区

功能区包含选项卡、子选项卡和面板等部分。其中，每个选项卡都将其工具细分为几个面板进行集中管理。当选择某图元或激活某命令时，系统将在选项卡后添加相应的子选项卡，该子选项卡中列出了和该图元或命令相关的所有子命令工具，用户不必在下拉菜单中逐级查找子命令。

创建或打开文件时，功能区会显示系统提供的创建项目或族所需的全部工具。调整窗口的大小时，功能区中的工具会根据可用的空间自动调整大小。每个选项卡都集成了相关的操作工具，方便用户的使用。用户可以单击选项卡右侧的 按钮控制功能的展开与收缩。

- 修改功能区：单击功能区选项卡右侧的下拉按钮即可看到系统提供的三种功能区的显示方式："最小化为选项卡""最小化为面板标题""最小化为面板按钮"，如图 1-9 所示。
- 移动面板：面板可以在绘图区"浮动"，在面板上按住鼠标左键并拖动（见图 1-10），将其放置在绘图区或桌面上。

图 1-9　修改功能区

将鼠标指针放到面板的右上角，显示"将面板返回到功能区"，如图 1-11 所示。单击此处，面板即可变为固定面板。将鼠标指针移动到面板上显示一个夹子，拖动该夹子到所需位置，即可移动面板。

图 1-10　拖动面板

图 1-11　固定面板

- 展开面板：面板标题旁的下拉按钮表示该面板可以展开，单击下拉按钮显示相关的工具和控件，如图 1-12 所示。在默认情况下单击面板以外的区域时，展开的面板会自动关闭。单击"图钉"按钮 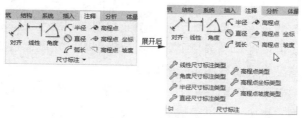，面板在其选项卡显示期间始终保持展开状态。

图 1-12　展开面板

- 上下文选项卡：使用某些工具或选择图元时，上下文选项卡中会显示与该工具或图元的上下文相关的工具，如图 1-13 所示。退出该工具或清除选择时，该选项卡将关闭。

图 1-13　上下文选项卡

1.3.5　属性选项板

属性选项板是一个无模式对话框，通过该对话框，可以查看和修改用来定义图元属性的参数。

项目浏览器上方的浮动面板为属性选项板。当选择某图元时，属性选项板会显示该图元的类型和属性参数等，如图 1-14 所示。

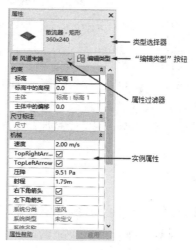

图 1-14　属性选项板

- 类型选择器：属性选项板上面一行的预览框和类型名称为类型选择器。用户可以单击右侧的下拉按钮，从下拉列表中选择已有的合适构件类型直接替换现有类型，不需要反复修改图元参数，如图 1-15 所示。
- 属性过滤器：该过滤器用来标识由工具放置的图元类别，或者标识绘图区中所选图元的类别和数量。如果选择了多个图元类别，则属性选项板上仅显示所有图元类别共有的实例属性。当选择了多个图元类别时，在属性过滤器的下拉列表中可以查看特定图元类别或视图本身的属性。
- "编辑类型"按钮：单击此按钮，打开"类型属性"对话框，用户可以复制、重命名图元类型，也可以通过编辑其中的类型参数值改变与当前选择图元同类型的所有图元的尺寸等，如图 1-16 所示。

图 1-15　类型选择器下拉列表

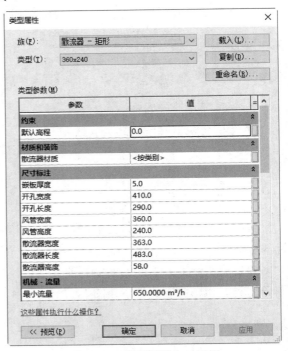

图 1-16　"类型属性"对话框

- 实例属性：在大多数情况下，属性选项板中既显示由用户编辑的实例属性，又显示只读实例属性。当某实例属性的值由软件自动计算或赋值，或者取决于其他实例属性的设置时，该实例属性可能是只读属性，不可编辑。

1.3.6　项目浏览器

Autodesk Revit 2020 将所有可访问的视图和图纸等都放置在项目浏览器中进行管理，使用项目浏览器可以方便地在各视图间进行切换操作。

项目浏览器用于组织和管理当前项目包含的所有信息，如项目中的所有视图、明细表、图纸、族、组和链接的 Revit 模型等。Autodesk Revit 2020 按逻辑层次关系组织这些项目资源，在展开各分支时，系统将显示下一层级的内容，如图 1-17 所示。

（1）打开视图：双击视图名称打开视图，也可以在视图名称上右击，打开如图 1-18 所示的快捷菜单，选择"打开"选项，打开视图。

（2）打开放置视图的图纸：在视图名称上右击，打开如图 1-18 所示的快捷菜单，选择"打开图纸"选项，打开放置视图的图纸。如果快捷菜单中的"打开图纸"选项不可用，则视图未放置在图纸上，或者视图是明细表或可放置在多个图纸上的图例。

（3）将视图添加到图纸中：将视图名称拖曳到图纸名称上或绘图区的图纸上。

（4）从图纸中删除视图：在图纸名称下的视图名称上右击，在打开的快捷菜单中选择"从图纸中删除"选项，删除视图。

（5）单击"视图"选项卡，在"窗口"面板中单击"用户界面"按钮，打开下拉列表，勾选"项目浏览器"复选框，如图 1-19 所示。如果取消勾选"项目浏览器"复选框或单击项目浏览器顶部的"关闭"按钮，则隐藏项目浏览器。

图 1-17　项目浏览器

图 1-18　打开快捷菜单

图 1-19　勾选"项目浏览器"复选框

（6）拖曳项目浏览器的边框调整项目浏览器的大小。

（7）在 Autodesk Revit 2020 窗口中拖曳项目浏览器移动时会显示一个轮廓，将该轮廓移动到指定位置后松开鼠标左键，即可将项目浏览器放置到所需位置，还可以将项目浏览器从 Autodesk Revit 2020 窗口拖曳到桌面。

1.3.7　视图控制栏

视图控制栏位于视图窗口的底部，状态栏的上方，它可以控制当前视图中建筑模型的显示状态，如图 1-20 所示。

- 比例：在图纸中用于表示对象的比例。可以为项目中的每个视图指定不同比例，也可以创建自定义视图比例。单击"比例"图标，打开如图 1-21 所示的"比例"列表，选择需要的比例，也可以选择"自定义"选项，打开"自定义比例"对话框，输入"比率"，如图 1-22 所示。

图 1-20　视图控制栏　　　　图 1-21　"比例"列表　　　图 1-22　"自定义比例"对话框

注意：

不能将自定义视图比例应用于该项目中的其他视图。

- 详细程度：可根据视图比例设置新建视图的详细程度，包括粗略、中等和精细三种程度。当在项目中创建新视图并设置其视图比例后，视图的详细程度会自动根据表格中的排列进行设置。通过预定义详细程度，可以影响不同视图比例下同一几何图形的显示。
- 视觉样式：可以为项目视图指定不同的图形样式，如图 1-23 所示。

图 1-23　视觉样式

> 线框：显示绘制了所有边和线而未绘制表面的图形。视图显示线框视觉样式时，可以将材质应用于选定的图元类型。这些材质不会显示在线框视图中，但是表面填充图案仍会显示，如图 1-24 所示。
> 隐藏线：显示绘制了除被表面遮挡部分之外的所有边和线的图形，如图 1-25 所示。

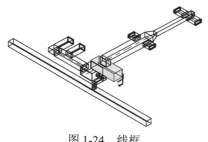

图 1-24　线框

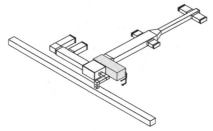

图 1-25　隐藏线

➢ 着色：显示处于着色视觉样式下的图形，而且具有显示间接光及其阴影的选项，如图 1-26 所示。

➢ 一致的颜色：显示所有表面都按照表面材质颜色设置进行着色的图形。该视觉样式会保持一致的颜色，无论是以何种方式将其定向到光源的，材质始终以相同的颜色显示，如图 1-27 所示。

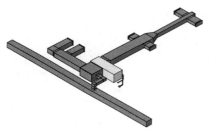

图 1-26　着色

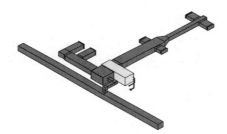

图 1-27　一致的颜色

➢ 真实：可在建筑模型视图中即时显示真实材质外观。旋转建筑模型时，表面会显示在各种照明条件下呈现的外观，如图 1-28 所示。

注意：

真实视觉样式的视图中不会显示人造灯光。

➢ 光线追踪：该视觉样式是一种有照片级真实感的渲染模式，该模式允许用户平移和缩放建筑模型，如图 1-29 所示。

图 1-28　真实

图 1-29　光线追踪

• 打开/关闭日光路径：控制日光路径可见性。在一个视图中打开或关闭日光路径时，其他视图不受影响。

- 打开/关闭阴影：控制阴影的可见性。在一个视图中打开或关闭阴影时，其他视图不受影响。

- 显示/隐藏渲染对话框：单击此按钮，打开"渲染"对话框，可进行质量、输出设置、照明、背景和图像的设置，如图 1-30 所示。

- 裁剪视图：定义项目视图的边界。在所有图形项目视图中显示建筑模型裁剪区域和注释裁剪区域。

- 显示/隐藏裁剪区域：可以根据需要显示或隐藏裁剪区域。若在绘图区中选择裁剪区域，则会显示注释和建筑模型裁剪。内部裁剪是建筑模型裁剪，外部裁剪是注释裁剪。

- 解锁/锁定的三维视图：锁定三维视图的方向，以在视图中标记图元并添加注释记号,包括保存方向并锁定视图、恢复方向并锁定视图和解锁视图三个模式。

  ➢ 保存方向并锁定视图：将视图锁定在当前方向。在该模式中无法动态观察建筑模型。

  ➢ 恢复方向并锁定视图：将解锁的、旋转方向的视图恢复到其原来锁定的方向。

  ➢ 解锁视图：解锁当前方向，允许定位和动态观察三维视图。

图 1-30　"渲染"对话框

- 临时隐藏/隔离：使用"隐藏"工具可在视图中隐藏所选图元，使用"隔离"工具可在视图中显示所选图元，并隐藏其他所有图元。

- 显示隐藏的图元：临时查看隐藏图元或取消隐藏。

- 临时视图属性：包括启用临时视图属性、临时应用样板属性、最近使用的模板和恢复视图属性四个选项。

- 显示/隐藏分析模型：可以在任何视图中显示分析建筑模型。

- 高亮显示位移集：单击此按钮，启用高亮显示建筑模型中所有位移集的视图。

- 显示约束：在视图中临时查看尺寸标注和对齐约束，以解决或修改建筑模型中的图元。在显示约束模式下，绘图区显示一个彩色边框。所有约束都以彩色显示，而建筑模型中的图元则以半色调（灰色）显示。

1.3.8　状态栏

状态栏在窗口的底部，如图 1-31 所示。状态栏提供有关要执行的操作的提示。高亮显示图元或构件时，状态栏显示族和图元类型的名称。

图 1-31　状态栏

- 工作集：显示处于活动状态的工作集。
- 编辑请求：对于工作共享项目，表示未决的编辑请求数。
- 设计选项：显示处于活动状态的设计选项。
- 仅活动项：用于过滤所选内容，以便仅选择活动的设计选项构件。
- 选择链接：可在已链接的文件中选择链接和单个图元。
- 选择底图图元：可在底图中选择图元。
- 选择锁定图元：可选择锁定的图元。
- 通过面选择图元：可通过单击某个面选中某个图元。
- 选择时拖曳图元：不用先选择图元就可以通过拖曳操作移动图元。
- 后台进程：显示在后台运行的进程列表。
- 过滤：用于优化在视图中选定的图元类别。

1.3.9　ViewCube

默认 ViewCube 在绘图区的右上方。通过 ViewCube 可以在标准视图和等轴测视图之间切换。

（1）单击 ViewCube 上的某个角，可以根据由建筑模型的三个侧面定义的视口，将建筑模型的当前视图重定向到 3/4 视图；单击其中一条边，可以根据建筑模型的两个侧面，将建筑模型的视图重定向到 1/2 视图；单击相应面，将视图切换到相应的主视图。

（2）如果在从某个面视图中查看建筑模型时，ViewCube 处于活动状态，则四个正交三角形会显示在 ViewCube 附近。使用这些三角形可以切换到某个相邻的面视图。

（3）单击或拖动 ViewCube 中指南针的东、南、西、北字样，可切换到西南、东南、西北、东北等方向视图，或者绕上视图旋转到任意方向视图。

（4）单击"主视图"图标 ⌂，不管目前是何种视图都会恢复到主视图。

（5）从某个面视图查看建筑模型时，两个滚动箭头按钮 ↻ 会显示在 ViewCube 附近。单击该按钮，视图以 90° 逆时针或顺时针进行旋转。

（6）单击"关联菜单"按钮 ▽，打开如图 1-32 所示的关联菜单。

- 转至主视图：恢复随建筑模型一同保存的主视图。
- 保存视图：使用唯一的名称保存当前的视图。此选项只允许在查看默认三维视图时使用唯一的名称保存三维视图。如果查看的是以前保存的正交三维视图或透视

（相机）三维视图，则视图仅以新方向保存，而且系统不会提示用户提供唯一名称。

图 1-32　关联菜单

- 锁定到选择项：当视图方向随 ViewCube 发生更改时，使用选定对象可以定义视图的中心。
- 透视/正交：在三维视图的正交和透视模式之间切换。
- 将当前视图设置为主视图：根据当前视图定义建筑模型的主视图。
- 将视图设定为前视图：在下拉菜单中定义前视图的方向，并将三维视图定向到该方向。
- 重置为前视图：将建筑模型的前视图重置为其默认方向。
- 显示指南针：显示或隐藏围绕 ViewCube 的指南针。
- 定向到视图：将三维视图设置为项目中的任何平面、立面、剖面三维视图的方向。
- 确定方向：将透视三维视图定向到北、南、东、西、东北、西北、东南、西南或顶部方向。
- 定向到一个平面：将视图定向到指定的平面。

1.3.10　导航栏

Autodesk Revit 2020 提供多种视图导航工具，可以对视图进行平移和缩放等操作，它们一般位于绘图区右侧。用于视图控制的导航栏是一种常用的工具集。导航栏在默认情况下为 50%透明显示，不会遮挡视图。导航栏包括"控制盘"和"缩放控制"两大工具，即"SteeringWheels"和"缩放工具"，如图 1-33 所示。

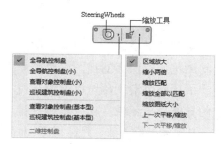

图 1-33　导航栏

1．SteeringWheels

SteeringWheels 是控制盘的集合，通过控制盘，可以在专门的导航工具之间进行快速切换。每个控制盘都被分成不同的按钮。每个按钮都包含一个导航工具，用于重新定位建筑模型的当前视图。SteeringWheels 包含如图 1-34 所示几种形式。

图 1-34　SteeringWheels 的形式

单击控制盘右下角的"显示控制盘菜单"下拉按钮 ⬇，打开如图 1-35 所示的控制盘菜单，菜单中包含全导航控制盘的视图工具，选择"关闭控制盘"选项，关闭控制盘，也可以单击控制盘右上角的"关闭"按钮 ✕，关闭控制盘。

全导航控制盘中各个工具按钮的含义。

- 平移：单击此按钮并按住鼠标左键拖动鼠标即可平移视图。

- 缩放：单击此按钮并按住鼠标左键不放，系统将在光标位置放置一个绿色的球体，把当前光标位置作为缩放轴心。此时，拖动鼠标即可缩放视图，轴心的位置随着光标位置的变化而变化。

- 动态观察：单击此按钮并按住鼠标左键不放，在建筑模型的中心位置将显示绿色轴心球体。此时，拖动鼠标即

图 1-35　控制盘菜单

19

可围绕轴心旋转建筑模型。

- 回放：利用该工具可以从导航历史记录中检索以前的视图，也可以快速恢复到以前的视图，还可以滚动浏览所有保存的视图。单击"回放"按钮并按住鼠标左键不放，此时向左侧拖动鼠标即可滚动浏览以前的导航历史记录。若要恢复到以前的视图，只需在以前的导航历史记录上松开鼠标左键。
- 中心：单击此按钮并按住鼠标左键不放，光标将变为一个球体，此时拖动鼠标到某建筑模型上松开鼠标左键放置球体，该球体即可作为建筑模型的中心位置。
- 环视：利用该工具可以沿垂直和水平方向旋转当前视图，在旋转视图时，用户的视线将围绕当前视点旋转。单击此按钮并按住鼠标左键拖动，建筑模型将围绕当前视图的位置旋转。
- 向上/向下：利用该工具可以沿建筑模型的 Z 轴方向调整当前视点的高度。
- 漫游：在透视图中单击此按钮并按住鼠标左键不放，此时拖动鼠标即可漫游。

2．缩放工具

缩放工具包括区域放大、缩小两倍、缩放匹配、缩放全部以匹配、缩放图纸大小、上一次平移/缩放、下一次平移/缩放。

- 区域放大：放大所选区域内的对象。
- 缩小两倍：将视图窗口显示的内容缩小到原来的 1/2。
- 缩放匹配：在当前视图窗口中自动缩放以显示所有对象。
- 缩放全部以匹配：缩放以显示所有对象的最大范围。
- 缩放图纸大小：将视图自动缩放为实际打印大小。
- 上一次平移/缩放：显示上一次平移或缩放的结果。
- 下一次平移/缩放：显示下一次平移或缩放的结果。

1.3.11　绘图区

Autodesk Revit 2020 绘图界面中的绘图区显示当前项目的视图、图纸和明细表，每次打开项目中的某一视图时，在默认情况下此视图会显示在绘图区中其他打开的视图的上面。其他视图仍处于打开的状态，但是这些视图显示在当前视图的下面。

绘图区的背景颜色默认为白色。

⫶ 1.4　文 件 管 理 ⫶

1.4.1　新建文件

执行"文件"→"新建"命令，打开"新建"菜单，如图 1-36 所示，可创建项目、族、概念体量等。

下面以新建项目文件为例介绍新建文件的步骤。

（1）执行"文件"→"新建"→"项目"命令，打开"新建项目"对话框，如图 1-37 所示。

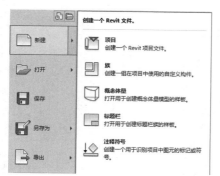

图 1-36　"新建"菜单

图 1-37　"新建项目"对话框

（2）在"样板文件"下拉列表中选择需要的样板，也可以单击"浏览"按钮，打开如图 1-38 所示的"选择样板"对话框，选择需要的样板，单击"打开"按钮，打开样板文件。

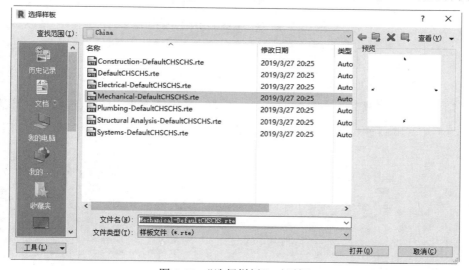

图 1-38　"选择样板"对话框

（3）选择"项目"单选按钮，单击"确定"按钮，创建一个项目文件。

注意：

在 Autodesk Revit 2020 中，项目文件是整个建筑设计的联合文件。建筑的所有标准视图、建筑设计图、明细表都包含在项目文件中，只要修改建筑模型，所有相关的标准视图、设计图和明细表都会随之自动更新。

1.4.2 打开文件

执行"文件"→"打开"命令，打开"打开"菜单，如图 1-39 所示，可打开项目、族、IFC、样例文件等。

图 1-39 "打开"菜单

- 项目：单击该选项，打开"打开"对话框，在该对话框中可以选择要打开的项目文件，如图 1-40 所示。

图 1-40 "打开"对话框（一）

> ➢ 核查：扫描、检测并修复建筑模型中损坏的图元，此选项可能会大大增加打开
>   建筑模型所需的时间。
> ➢ 从中心分离：独立于中心模型而打开工作共享的本地模型。
> ➢ 新建本地文件：打开中心模型的本地副本。

- 族：单击该选项，打开"打开"对话框，可以打开软件自带族库中的族文件，或
  用户自己创建的族文件，如图 1-41 所示。

图 1-41　"打开"对话框（二）

- Revit 文件：单击该选项，打开"打开"对话框，可以打开 Autodesk Revit 2020
  所有受支持的文件，如.rvt、.rfa、.adsk 和.rte 文件，如图 1-42 所示。

图 1-42　"打开"对话框（三）

- 建筑构件：单击该选项，在"打开 ADSK 文件"对话框中选择要打开的 ADSK 文件，如图 1-43 所示。

图 1-43 "打开 ADSK 文件"对话框

- IFC：单击该选项，在"打开 IFC 文件"对话框中可以选择所有受支持的文件并打开，如.ifc、.ifcXML、.ifcZIP 文件，如图 1-44 所示。IFC 文件格式包括建筑模型的建筑物或设施，也包括空间的元素、材料和形状。IFC 文件通常用于 BIM 工业程序之间的交互。

图 1-44 "打开 IFC 文件"对话框

- IFC 选项：单击该选项，打开"导入 IFC 选项"对话框，在该对话框中可以设置"IFC 类名称"对应的"Revit 类别"，如图 1-45 所示。该选项只有在打开 Revit 文件的状态下才可以使用。

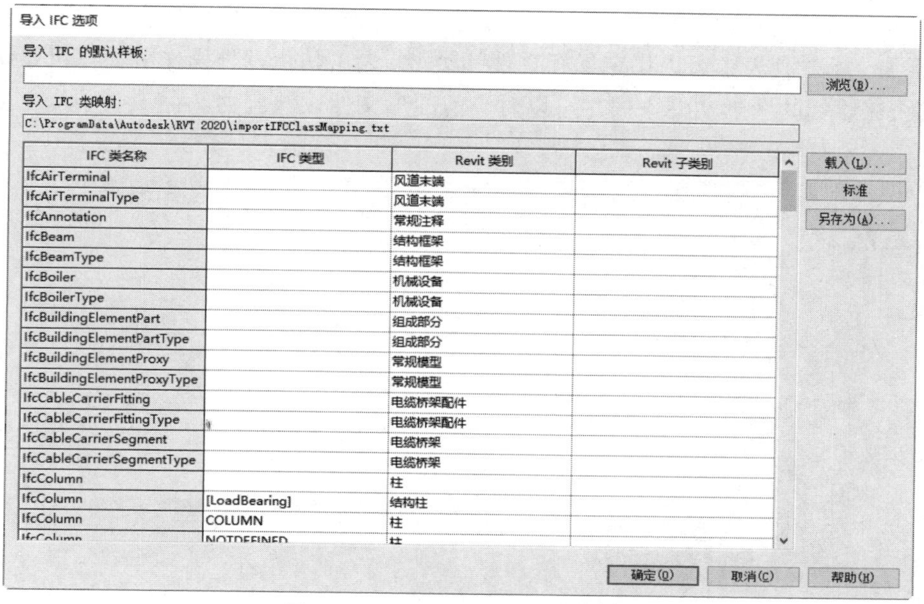

图 1-45　"导入 IFC 选项"对话框

- 样例文件：单击该选项，打开"打开"对话框，通过此对话框可以打开软件自带的 Revit 项目和族文件，如图 1-46 所示。

图 1-46　"打开"对话框（四）

1.4.3　保存文件

执行"文件"→"保存"命令，可以保存当前项目、族文件、样板文件等。若文件已命名，则 Autodesk Revit 2020 自动保存；若文件未命名，则打开"另存为"对话框（见图 1-47），用户可以命名保存。在"保存于"下拉列表中可以指定保存文件的路径；在"文件类型"下拉列表中可以指定保存文件的类型。为了防止意外操作或计算机系统故障导致的正在绘制的图形文件丢失，可以对当前图形文件设置自动保存。

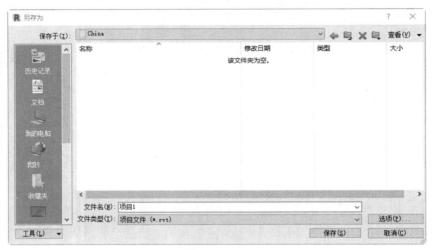

图 1-47 "另存为"对话框

单击"选项"按钮，打开如图 1-48 所示的"文件保存选项"对话框，指定文件的最大备份数及与文件保存相关的其他设置。

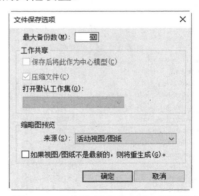

图 1-48 "文件保存选项"对话框

"文件保存选项"对话框中的选项说明如下。

- 最大备份数：指定最多备份文件的数量。在默认情况下，非工作共享文件最大备份数为 3，工作共享文件最大备份数为 20。
- 保存后将此作为中心模型：将当前已启用工作集的文件设置为中心模型。
- 压缩文件：保存已启用工作集的文件时减小文件的大小。在正常保存时，Autodesk Revit 2020 仅将新图元和经过修改的图元写入现有文件。这可能会导致文件变得非常大，但会加快保存的速度。压缩过程会对整个文件进行重写，并删除旧的部分以节省空间。

- 打开默认工作集：设置中心建筑模型在本地打开时所对应的工作集为默认设置。从该下拉列表中，可以将一个工作共享文件保存为始终以下列选项之一为默认设置，"全部""可编辑""上次查看的""指定"。用户修改该选项的唯一方式是勾选"工作共享"选区中的"保存后将此作为中心模型"筛选框，重新保存新的中心模型。

- 缩略图预览：指定打开或保存项目时显示的预览图像。该选区中"来源"下拉列表的默认值为"活动视图/图纸"。

- 如果视图/图纸不是最新的，则将重生成：Autodesk Revit 2020 只能从打开的视图中创建预览图像。如果勾选此复选框，则无论用户何时打开或保存项目，Autodesk Revit 2020 都会更新预览图像。

1.4.4 另存为文件

执行"文件"→"另存为"命令，打开"另存为"菜单，如图 1-49 所示，可以将文件保存为云模型、项目、族、样板和库五种类型文件。

选择其中一种类型文件后打开"另存为"对话框，如图 1-50 所示，Revit 文件用另存名保存，并把当前图形更名。

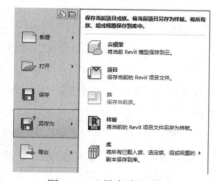

图 1-49 "另存为"菜单

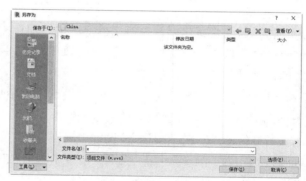

图 1-50 "另存为"对话框

1.5 创建机电专业样板

在 Autodesk Revit 2020 中，建筑样板对应建筑专业，结构样板对应结构专业，机械样板对应机电专业，如果一个项目中有多个专业，则要使用构造样板。但是软件自带的机械样板不符合我国的相关制图与设计规范，因此需要设计师自己定义机电专业的样板文件。

（1）执行"模型"→"新建"命令，或者在主界面执行"文件"→"新建"→"项目"命令，打开"新建项目"对话框，如图 1-51 所示。

图 1-51 "新建项目"对话框

（2）单击"浏览"按钮，打开如图 1-52 所示的"选择样板"对话框，选择"Systems-DefaultCHSCHS.rte"样板文件，单击"打开"按钮。

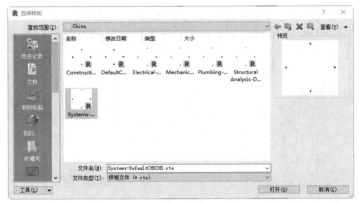

图 1-52 "选择样板"对话框

（3）返回"新建项目"对话框，单击"项目样板"单选按钮，单击"确定"按钮，创建一个新项目样板文件。项目浏览器如图 1-53 所示，从图中可以看出视图是按规程分类的，并且类别较少。

（4）单击"管理"选项卡，在"设置"面板中单击"项目参数"按钮 🔲，打开如图 1-54 所示的"项目参数"对话框，单击"添加"按钮，打开"参数属性"对话框。输入"名称"为"二级子规程"，设置"规程"为"公共"，"参数类型"为"文字"，"参数分组方式"为"图形"，在"类别"选区中勾选"视图"复选框，然后勾选"隐藏未选中类别"复选框，如图 1-55 所示，连续单击"确定"按钮，完成二级子规程项目参数的创建。

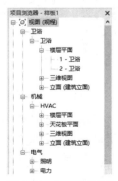

图 1-53 项目浏览器

图 1-54 "项目参数"对话框

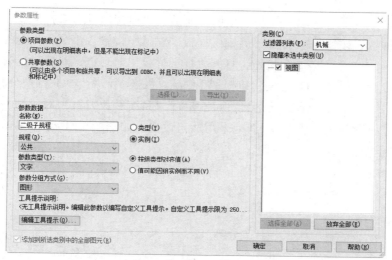

图 1-55　"参数属性"对话框

（5）在项目浏览器的视图（规程）上右击，打开如图 1-56 所示的快捷菜单，选择"浏览器组织"选项，打开如图 1-57 所示的"浏览器组织"对话框，单击"新建"按钮，打开"创建新的浏览器组织"对话框，输入"名称"为"专业"，如图 1-58 所示。

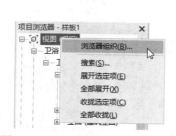

图 1-56　选择"浏览器组织"选项

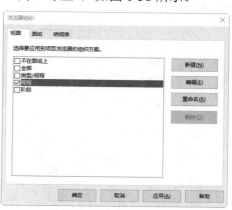

图 1-57　"浏览器组织"对话框

图 1-58　"创建新的浏览器组织"对话框

（6）单击"确定"按钮，返回"浏览器组织"对话框，单击"编辑"按钮，打开"浏览器组织属性"对话框，在"成组和排序"选项卡中设置"成组条件"为"子规程"，第一个"否则按"为"二级子规程"，第二个"否则按"为"族与类型"，其他采用默认设置，如图 1-59 所示，单击"确定"按钮，项目浏览器的视图按专业分类排序，如图 1-60 所示。

（7）单击"视图"选项卡，在"图形"面板的"视图样板"下拉列表中单击"从当前视图创建样板"按钮，打开"新视图样板"对话框，输入"名称"为"暖通平面"，如图 1-61 所示，单击"确定"按钮，打开"视图样板"对话框，对新建的暖通平面属性进行设置，取消勾选"V/G 替换建筑模型""V/G 替换注释""V/G 替换分析建筑模型""V/G 替换导入""V/G 替换过滤器""颜色方案""系统颜色方案"对应的"包含"复选框，设置"子规程"为"暖通"，其他采用默认设置，如图 1-62 所示，单击"确定"按钮，完成暖通平面视图样板的创建。

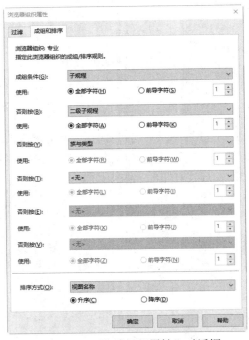

图 1-59 "浏览器组织属性"对话框

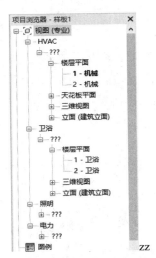

图 1-60 按专业分类排序

图 1-61 "新视图样板"对话框

图 1-62 "视图样板"对话框

（8）在"视图（专业）"→"HVAC"→"楼层平面"→"1-机械"上右击，打开如图 1-63 所示的快捷菜单，执行"复制视图"→"复制"命令，创建 1-机械副本 1 视图，如图 1-64 所示。

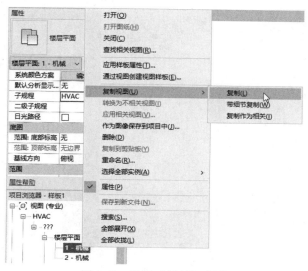

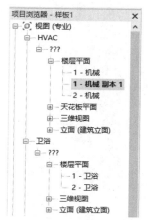

图 1-63　选择"复制"选项　　　　　　　　　　图 1-64　创建视图

（9）右击 1-机械副本 1 视图，在打开的快捷菜单中选择"重命名"选项，更改"名称"为"1-暖通"。

（10）选取 1-暖通视图，在属性选项板的子规程栏中选择"暖通"，项目浏览器中自动增加"暖通"专业，并将 1-暖通视图放置在"暖通"专业下，如图 1-65 所示。

（11）采用相同的方法，在项目浏览器的"暖通"专业下添加三维视图和立面（建筑立面），结果如图 1-66 所示。

（12）采用相同的方法，创建"给排水"专业及对应的视图，如图 1-67 所示。

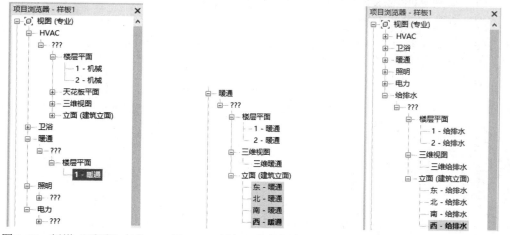

图 1-65　新增"暖通"专业　　图 1-66　添加三维视图和立面　　图 1-67　创建"给排水"专业

（13）单击快速访问工具栏中的"另存为"按钮■（快捷键：Ctrl+S），打开"另存为"对话框，设置保存位置，输入"文件名"为"机电专业样板"，如图 1-68 所示。单击"保存"按钮，保存机电专业样板文件。

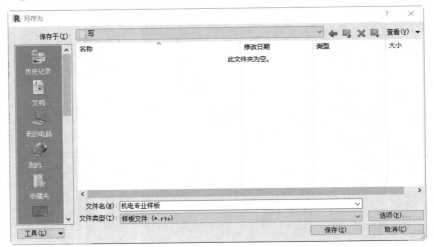

图 1-68　保存机电专业样板文件

||| 1.6　上 机 操 作 |||

1．目的要求

熟悉 Autodesk Revit 2020 操作界面。

2．操作提示

（1）启动 Autodesk Revit 2020，进入绘图主界面。

（2）新建项目文件。

（3）打开、移动、关闭功能区、项目浏览器及属性选项板。

第 2 章

MEP 设置

 知识导引

在进行 MEP 工程设计之前进行机械、电气和管道设置，以便在设计过程中统一构件的尺寸、机械系统的行为及构配件的外观等，并在建筑模型中定义空间和分区。

‖ 2.1 机 械 设 置 ‖

使用机械设置配置构件的尺寸、机械系统的行为及构配件的外观。

2.1.1 隐藏线

单击"系统"选项卡，在"HVAC"面板中单击"机械设置"按钮 ＼，或者单击"管理"选项卡，在"设置"面板的"MEP 设置"下拉列表中单击"机械设置"按钮 （快捷键：MS），打开"机械设置"对话框的"隐藏线"面板，如图 2-1 所示。

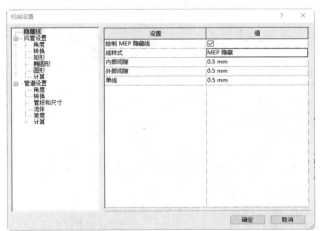

图 2-1 "隐藏线"面板

"隐藏线"面板中的选项说明如下。

- 绘制 MEP 隐藏线：选择该选项，使用隐藏线为指定的线样式和间隙绘制风管或管道。

- 线样式：在"值"下拉列表中选择一种线样式，以确定隐藏分段的线在分段交叉处显示的方式。
- 内部间隙：指定交叉段内部显示的线的间隙。如果线样式选择了"细线"，则不会显示间隙。
- 外部间隙：指定交叉段外部显示的线的间隙。如果线样式选择了"细线"，则不会显示间隙。
- 单线：指定在分段交叉位置处单隐藏线的间隙。

2.1.2 风管设置

在"机械设置"对话框选择"风管设置"，打开"风管设置"面板，如图 2-2 所示。指定默认的风管类型、尺寸和设置参数。

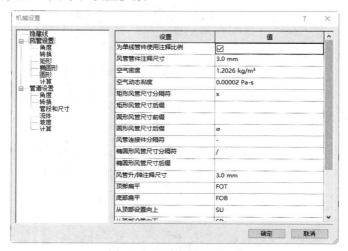

图 2-2 "风管设置"面板

"风管设置"面板中常用的选项说明如下。

- 为单线管件使用注释比例：指定是否按照"风管管件注释尺寸"选项所指定的尺寸绘制风管管件。修改该选项时并不会改变已在项目中放置的建筑构件的打印尺寸。
- 风管管件注释尺寸：指定在单线视图中绘制的风管管件和附件的打印尺寸。无论图纸比例为多少，该尺寸始终保持不变。
- 空气密度：用于确定风管尺寸和压降。
- 空气动态黏度：用于确定风管尺寸。
- 矩形风管尺寸分隔符：指定用于显示矩形风管尺寸的符号。例如，如果使用 x，则高度为 12 英寸、深度为 12 英寸的风管显示为 12"x 12"。
- 矩形风管尺寸后缀：指定附加到矩形风管的风管尺寸后的符号。
- 圆形风管尺寸前缀：指定前置在圆形风管的风管尺寸的符号。

- 圆形风管尺寸后缀：指定附加到圆形风管的风管尺寸后的符号。
- 风管连接件分隔符：指定用于在两个不同连接件之间分隔信息的符号。
- 椭圆形风管尺寸分隔符：指定用于显示椭圆形风管尺寸的符号。
- 椭圆形风管尺寸后缀：指定附加到椭圆形风管的风管尺寸后的符号。
- 风管升/降注释尺寸：指定在单线视图中绘制的升/降注释的打印尺寸。无论图纸比例为多少，该尺寸始终保持不变。

1. 角度

在图 2-1 所示的"机械设置"对话框的"风管设置"下选择"角度"，右侧面板将显示用于指定管件角度的选项，如图 2-3 所示。在添加或修改管件时，Revit 会用到这些角度。

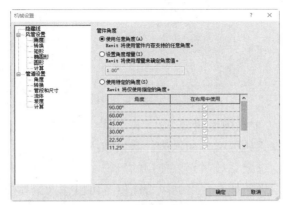

图 2-3　"角度"面板

"角度"面板中的选项说明如下。

- 使用任意角度：单击此单选按钮，Revit 将使用管件内容支持的任意角度，如图 2-4 所示。
- 设置角度增量：单击此单选按钮，Revit 将使用增量来确定角度值。
- 使用特定的角度：单击此单选按钮，Revit 将仅使用指定的角度，如图 2-5 所示。

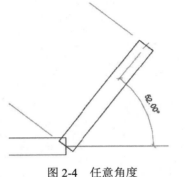

图 2-4　任意角度

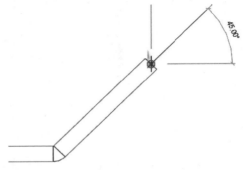

图 2-5　特定的角度

2．转换

在图 2-1 所示的"机械设置"对话框的"风管设置"下选择"转换"，显示"转换"面板，用于指定"干管"和"支管"系统的布局解决方案使用的参数，如图 2-6 所示。

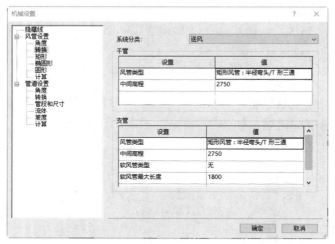

图 2-6 "转换"面板

"转换"面板中的主要选项说明如下。

- 系统分类：选择系统分类，如送风、回风和排风。
- 风管类型：指定选定系统类别要使用的风管类型。
- 中间高程：指定当前标高之上的风管高度。可以输入偏移值，或者从建议偏移值列表中选择。

3．矩形（椭圆形、圆形）

在图 2-1 所示的"机械设置"对话框的"风管设置"下选择"矩形"，打开"矩形"面板，用于风管尺寸的设置，如图 2-7 所示。

图 2-7 "矩形"面板

"矩形"面板中的选项说明如下。

- 新建尺寸：单击此按钮，打开如图 2-8 所示的"风管尺寸"对话框，输入"尺寸"，单击"确定"按钮，新建的尺寸将添加到列表框中。

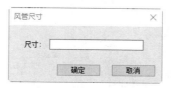

图 2-8　"风管尺寸"对话框

- 删除尺寸：在列表中选取尺寸，单击此按钮，打开如图 2-9 所示的"删除设置"对话框，单击"是"按钮，删除所选尺寸；如果此尺寸在当前项目中正在使用，则打开如图 2-10 所示的"正在删除风管尺寸"对话框，单击"是"按钮，删除所选尺寸。

图 2-9　"删除设置"对话框

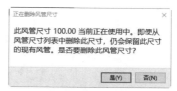

图 2-10　"正在删除风管尺寸"对话框

4．计算

在如图 2-1 所示的"机械设置"对话框的"风管设置"下选择"计算"，打开"计算"面板，用于风管压降的可用计算方法，如图 2-11 所示。

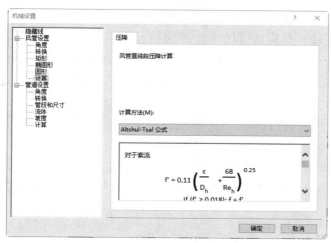

图 2-11　"计算"面板

"计算"面板中的选项说明如下。

- 计算方法：指定当计算直线段压降时要使用的计算方法。在"计算方法"下拉列表中选择计算方法后，计算方法的详细信息将显示在格式文本字段中。

2.1.3　管道设置

在"机械设置"对话框中选择"管道设置",打开"管道设置"面板,如图 2-12 所示。可以指定将应用于所有管道、卫浴和消防等系统的设置。

图 2-12　"管道设置"面板

"管道设置"面板中的选项说明如下。

- 为单线管件使用注释比例:指定是否按照"管件注释尺寸"选项所指定的尺寸绘制管件。修改该选项时并不会改变已在项目中放置的建筑构件的打印尺寸。
- 管件注释尺寸:指定在单线视图中绘制的管件和附件的打印尺寸。无论图纸比例为多少,该尺寸始终保持不变。
- 管道尺寸前缀:指定管道尺寸之前的符号。
- 管道尺寸后缀:指定管道尺寸之后的符号。
- 管道连接件分隔符:指定当使用两个不同尺寸的连接件时,用来分隔信息的符号。
- 管道连接件允差:指定管道连接件可以偏离指定的匹配角度的度数。默认设置为 5.00°。
- 管道升/降注释尺寸:指定在单线视图中绘制的升/降注释的打印尺寸。无论图纸比例为多少,该尺寸始终保持不变。
- 顶部扁平/底部扁平/从顶部设置向上/从顶部设置向下/从底部设置向上/从底部设置向下/中心线:指定部分管件标记中所用的符号,以指示此管件在平面中的偏向及偏移量。

1. 管段和尺寸

在如图 2-12 所示的"机械设置"对话框的"管道设置"下单击"管段和尺寸",显示"管段和尺寸"面板,用于创建和删除尺寸,如图 2-13 所示。

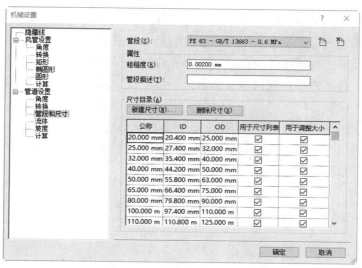

图 2-13　"管段和尺寸"面板

"管段和尺寸"面板中的选项说明如下。

- 管段：在下拉列表中显示系统中已存在的所有管段。
- "删除管段"按钮 ：单击此按钮，删除当前管段，如果选定的管段正在项目中使用，或者是项目中指定的唯一管段，则无法删除该管段。
- "新建管段"按钮 ：单击此按钮，打开如图 2-14 所示的"新建管段"对话框，需要为新建的管段设置新的"材质"或"明细表/类型"，也可以两者都设置。当新建材质时，单击 按钮，打开"材质浏览器"对话框，选择材质；当新建规格/类型时，在"规格/类型"下拉列表中选择一种规格/类型；管段名称基于材质和规格/类型的信息生成。

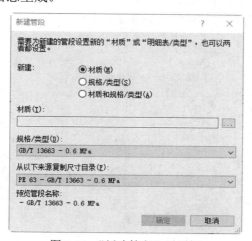

图 2-14　"新建管段"对话框

- 属性：设置管段的属性，包括粗糙度和管段描述。
- 粗糙度：表示管段沿程损失的水力计算。

- 管段描述：在文本框中输入管段描述信息。
- 尺寸目录：尺寸目录将列出选定管段的尺寸。在此表中无法编辑"管道尺寸"信息，可以添加和删除管道尺寸，也不能编辑现有管道尺寸的属性。要设置现有管道尺寸，必须替换现有管道（删除原始管道尺寸，然后添加具有所需设置的管道尺寸）。
  - ➤ 新建尺寸：单击此按钮，打开如图 2-15 所示的"添加管道尺寸"对话框，输入"公称直径""内径""外径"，指定新的管道尺寸，单击"确定"按钮，新添加的管道尺寸将显示在尺寸列表中。

图 2-15 "添加管道尺寸"对话框

  - ➤ 删除尺寸：单击此按钮，删除选择的管道尺寸。
  - ➤ 用于尺寸列表：在整个 Revit 的各列表中显示所选尺寸。取消勾选对应尺寸的复选框，该尺寸将不在列表中出现。
  - ➤ 用于调整大小：通过 Revit 尺寸调整算法，基于计算的系统流量来确定管道尺寸，取消勾选对应尺寸的复选框，该尺寸将不能用于调整大小的算法。

2. 流体

在如图 2-12 所示的"机械设置"对话框的"管道设置"下单击"流体"，打开"流体"面板，显示项目中可用的流体表，如图 2-16 所示。

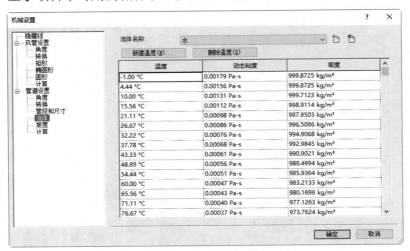

图 2-16 "流体"面板

"流体"面板中的选项说明如下。

- 流体名称：在该下拉列表中显示系统中已存在的流体。流体会根据选取的流体名称在列表中分组显示。
- "添加流体"按钮 🖺：单击此按钮，打开如图 2-17 所示的"新建流体"对话框，输入"新建流体名称"，流体名称在项目中必须是唯一的。
- "删除流体"按钮 🖺：在"流体名称"下拉列表中选择一种流体，单击此按钮，流体从项目中删除。如果该流体正在项目中使用，或者是项目中指定的唯一流体，则无法删除该流体。
- 新建温度：单击此按钮，打开如图 2-18 所示的"新建温度"对话框，为新建的温度指定"温度""黏度""密度"，单击"确定"按钮，新建的温度将添加到所选流体中。对于选定的流体类型，温度必须是唯一的。

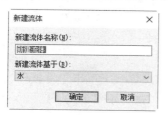

图 2-17　"新建流体"对话框

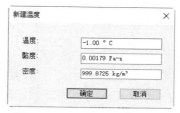

图 2-18　"新建温度"对话框

- 删除温度：在列表中选择一个温度，单击此按钮，将从选定的流体类型中删除此温度。

3．坡度

在如图 2-12 所示的"机械设置"对话框的"管道设置"下单击"坡度"，打开"坡度"面板，显示项目中可用的坡度值表，如图 2-19 所示。

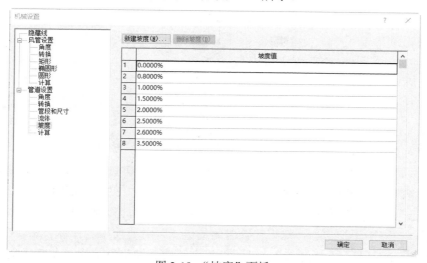

图 2-19　"坡度"面板

"坡度"面板中的选项说明如下。

- 新建坡度：单击此按钮，打开如图 2-20 所示的"新建坡度"对话框，输入"坡度值"，单击"确定"按钮，新建的坡度值将添加到列表中。如果输入的坡度值大于 45°，则会显示一个警告。
- 删除坡度：在列表中选择一个坡度，单击此按钮，打开如图 2-21 所示的"删除坡度值"对话框，单击"是"按钮，坡度值将从项目中删除，默认的 0 坡度值不能删除。

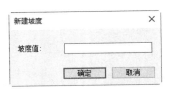

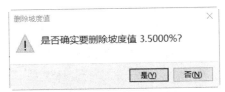

图 2-20 "新建坡度"对话框   图 2-21 "删除坡度值"对话框

4. 计算

在如图 2-12 所示的"机械设置"对话框的"管道设置"下单击"计算"，打开"计算"面板，显示用于管道压降和流量的可用计算方法列表，如图 2-22 所示。

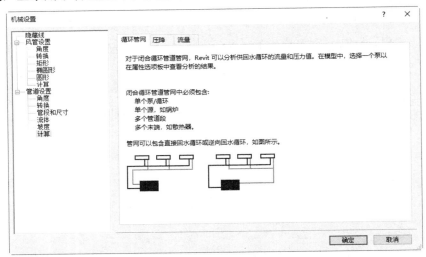

图 2-22 "计算"面板

"计算"面板中的选项说明如下。

- 循环管网：对于闭合循环管道管网，Revit 可以分析供回水循环的流量和压力值。启用此选项可以在后台进程中执行分析，以便用户继续在建筑模型中工作；清除该选项可以禁用分析。启用此选项后，自定义计算方法将使用 Colebrook 公式。
- 压降：可用于指定当计算直线管段的管道压降时要使用的计算方法。在"计算方法"下拉列表中选择计算方法后，计算方法的详细信息将显示在格式文本字段中。
- 流量：可以指定当卫浴装置单位转换到流量时要使用的计算方法。

2.2 电 气 设 置

单击"系统"选项卡，在"电气"面板中单击"电气设置"按钮◢，或者单击"管理"选项卡，在"设置"面板的"MEP 设置"下拉列表中单击"电气设置"按钮（快捷键：ES），打开"电气设置"对话框，如图 2-23 所示。在该对话框中可以设置常规、配线、电压定义、配电系统、电缆桥架和线管设置、负荷计算及配电盘明细表等。

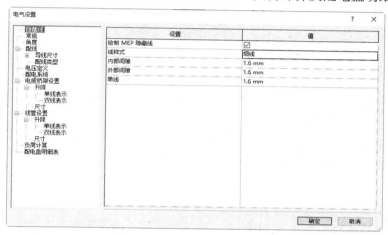

图 2-23 "电气设置"对话框

2.2.1 常规

"常规"面板如图 2-24 所示，可以定义基本参数，并设置电气系统的默认值。

图 2-24 "常规"面板

"常规"面板中的选项说明如下。

- 电气连接件分隔符：指定用于分隔装置的"电气数据"参数的额定值的符号。

- 电气数据样式：为电气构件属性选项板中的"电气数据"参数指定样式，包括连接件说明电压/极数-负荷、连接件说明电压/相位-负荷、电压/极数-负荷和电压/相位-负荷四种样式。
- 线路说明：指定导线实例属性中的"线路说明"参数的格式。
- 按相位命名线路-相位 A/B/C 标签：只有在使用属性选项板为配电盘指定按相位命名线路时才使用这些标签。
- 大写负荷名称：指定线路实例属性中的"负荷名称"参数的格式。
- 线路序列：指定创建电力线的序列，以便能够按阶段分组创建线路。
- 线路额定值：指定在建筑模型中创建回路时的默认额定值。
- 线路路径偏移：指定生成线路路径时的默认偏移。

2.2.2　配线

"配线"面板如图 2-25 所示，配线表中的设置决定 Revit 对于导线尺寸的计算方式及导线在项目电气系统平面图中的显示方式。

图 2-25　"配线"面板

"配线"面板中的选项说明如下。

- 环境温度：指定配线所在环境的温度。
- 配线交叉间隙：指定用于显示相互交叉的未连接导线的间隙的宽度，如图 2-26 所示。
- 火线/地线/零线记号：指定相关导线显示的记号样式。对话框中默认没有记号，单击"插入"选项卡，在"从库中载入"面板中单击"载入族"按钮<img>，打开"载入族"对话框，执行"China"→"注释"→"标记"→"电气"→"记号"命令，系统提供了四种记号，选择一个或多个记号族文件，单击"打开"按钮，载入记号，然后在对话框的"值"下拉列表中选择记号样式。

- 横跨记号的斜线：指定是否将地线记号显示为横跨其他导线的记号的对角线，如图 2-27 所示。

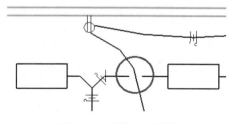

图 2-26　配线交叉间隙

图 2-27　横跨记号的斜线

- 显示记号：指定是始终、从不还是只为回路。
- 分支线路导线尺寸的最大电压降：指定分支线路允许的最大电压降的百分比。
- 馈线线路导线尺寸的最大电压降：指定馈线线路允许的最大电压降的百分比。
- 用于多回路入口引线的箭头：指定单个箭头或多个箭头是在所有线路导线上显示，还是仅在结束导线上显示。
- 入口引线箭头样式：指定回路箭头的样式，包括箭头角度和大小。

2.2.3　电压定义

　　"电压定义"面板如图 2-28 所示。显示项目中配电系统所需的电压。单击"添加"按钮，添加"新电压 1"，修改名称并设置电压值，每个电压定义都被指定为一个电压范围，以便适应各个制造商装置的不同额定电压。

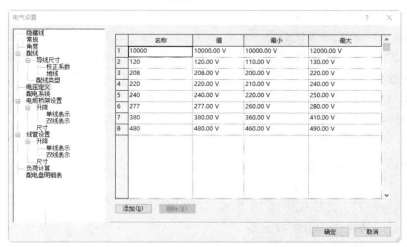

图 2-28　"电压定义"面板

　　"电压定义"面板中的选项说明如下。
- 名称：用于标识电压定义。
- 值：电压定义的实际电压。

- 最小：用于电压定义的电气装置和设备的最小额定电压。
- 最大：用于电压定义的电气装置和设备的最大额定电压。

2.2.4　配电系统

"配电系统"面板如图 2-29 所示。显示项目中可用的配电系统。

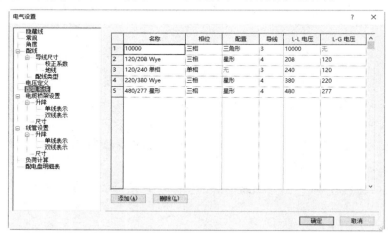

图 2-29　"配电系统"面板

"配电系统"面板中的选项说明如下。

- 名称：用于标识配电系统的唯一名称。
- 相位：可以从下拉列表中选择"三相"或"单相"。
- 配置：可以从下拉列表中选择"星形""三角形""无"。
- 导线：用于指定导线的数量，对于三相，该值为 3 或 4；对于单相，该值为 2 或 3。
- L-L 电压：在选项中设置电压定义，以表示在任意两相之间测量的电压。此选项的规格取决于"相位"和"导线"的选择。例如，L-L 电压不适用于单相 2 线系统。
- L-G 电压：在选项中设置电压定义，以表示在相和地之间测量的电压。L-G 电压总是可用的。

2.2.5　电缆桥架和线管设置

"电缆桥架设置"面板如图 2-30 所示。在布置电缆桥架前，先按照设计要求对电缆桥架进行设置，为设计和出图做准备。

"电缆桥架设置"面板中的选项说明如下。

- 为单线管件使用注释比例：指定是否按照"电缆桥架配件注释尺寸"选项所指定的尺寸绘制电缆桥架管件。修改该选项时并不会改变已在项目中放置构件的打印尺寸。

- 电缆桥架配件注释尺寸：指定在单线视图中绘制的管件的打印尺寸。无论图纸比例为多少，该尺寸始终保持不变。
- 电缆桥架尺寸分隔符：指定用于显示电缆桥架尺寸的符号。例如，如果使用 x，则高度为 12 英寸、深度为 4 英寸的电缆桥架显示为 12" x 4"。
- 电缆桥架尺寸后缀：指定附加到电缆桥架尺寸之后的符号。
- 电缆桥架连接件分隔符：指定用于在两个不同连接件之间分隔信息的符号。

"线管设置"的选项同"电缆桥架设置"的选项类似，这里不再一一进行介绍。

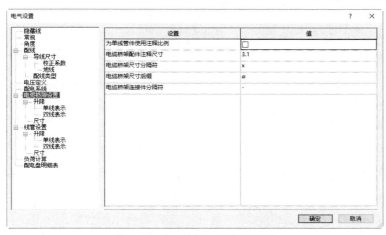

图 2-30　"电缆桥架设置"面板

2.2.6　负荷计算

"负荷计算"面板如图 2-31 所示。通过设置电气负荷类型，并为不同的负荷类型指定需求系数，可以确定各个系统照明和用电设备等负荷的容量和计算电流，并选择合适的配电盘。

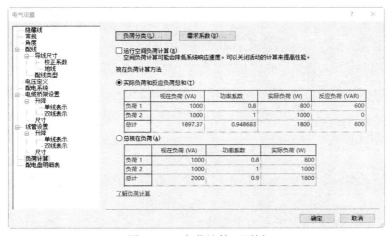

图 2-31　"负荷计算"面板

"负荷计算"面板中的选项说明如下。

- 负荷分类：单击此按钮，或者单击"管理"选项卡，在"设置"面板的"MEP 设置"下拉列表中单击"负荷分类"按钮 ⚡，打开如图 2-32 所示的"负荷分类"对话框，在此对话框中可以对连接到配电盘的每种类型的电气负荷进行分类，还可以新建、复制、重命名和删除负荷类型。

图 2-32 "负荷分类"对话框

- 需求系数：单击此按钮，或者单击"管理"选项卡，在"设置"面板的"MEP 设置"下拉列表中单击"需求系数"按钮 $x\%$，打开如图 2-33 所示的"需求系数"对话框，在此对话框中可以基于系统负荷为项目中的照明、电力、HVAC 或其他系统指定一个或多个需求系数。

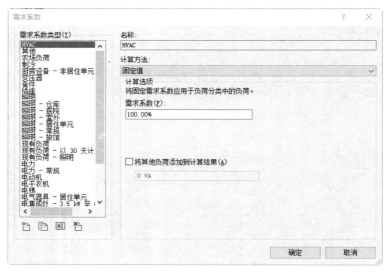

图 2-33 "需求系数"对话框

可以通过指定需求系数计算线路的估计需用负荷。需求系数可以通过下列几种形式确定。

➢ 固定值：可以在需求系数中直接输入系数值，默认为 100%。

➢ 按数量：可以指定多个连接对象的数量范围，并对每个范围应用不同的需求系数，或者对所有对象应用相同的需求系数，具体取决于所连接对象的数量。

➤ 按负荷：可以为对象指定多个负荷范围，并对每个范围应用不同的需求系数，或者对配电盘所连接的总负荷应用相同的需求系数。可以基于整个负荷的百分比来指定需求系数，并指定按递增的方式计算每个范围的需求系数。

2.2.7　配电盘明细表

"配电盘明细表"面板如图 2-34 所示。选项说明如下。

- 备件标签：指定应用到配电盘明细表中任一备件的"负荷名称"参数的默认标签文字。
- 空间标签：指定应用到配电盘明细表中任一空间的"负荷名称"参数的默认标签文字。
- 配电盘总数中包括备件：指定为配电盘明细表中的备件添加负荷值时，是否在配电盘总负荷中包括备件负荷值。
- 将多极化线路合并到一个单元：指定是否将二极或三极线路合并到配电盘明细表中的一个单元。

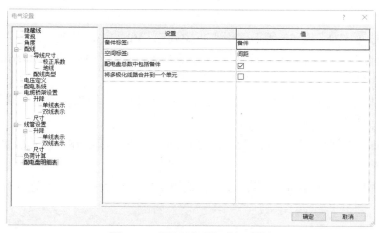

图 2-34　"配电盘明细表"面板

2.3　地 理 位 置

地理位置可使用全局坐标为建筑模型指定真实世界的位置。

Revit 使用地理位置的方式如下。

（1）定义建筑模型在地球表面上的位置。

（2）为使用这些位置的视图（如日光研究和漫游）生成与位置相关的阴影。

（3）为用于热负荷、冷负荷和能量分析的天气信息提供基础支持。

单击"管理"选项卡，在"项目位置"面板中单击"地点"按钮 ，打开"位置、气候和场地"对话框，如图 2-35 所示。

图 2-35 "位置、气候和场地"对话框

"位置、气候和场地"对话框中的选项说明如下。

● 位置

"位置"选项卡如图 2-35 所示。用于指定建筑模型的地理位置。

定义位置依据：可以从该下拉列表中选择"默认城市列表"或"Internet 映射服务"选项。

> 默认城市列表：从"城市"下拉列表中选择主要城市，或者直接输入"经度"和"纬度"。

> Internet 映射服务：使用交互式地图选择位置，或者输入街道地址。

● 天气

"天气"选项卡如图 2-36 所示，可以调整用于执行热负荷和冷负荷分析的气候数据。

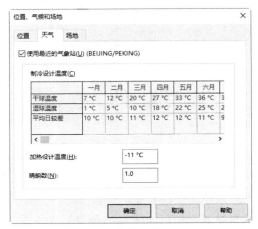

图 2-36 "天气"选项卡

> 使用最近的气象站：在默认情况下，Revit 将使用《2007 ASHRAE 手册》中列出的离项目位置最近的气象站。
> 制冷设计温度：Revit 将使用最近的或选中的气象站，以填充"制冷设计温度"表。
>> 干球温度：通常称为空气温度，是由暴露在空气中但不受到直接的日光照射和不接触湿气的温度计所测量的温度。
>> 湿球温度：是在恒压下使水蒸发到空气中直至空气饱和，通过这种冷却方式空气可能达到的温度。湿球温度与干球温度之差越小，相对湿度越大。
>> 平均日较差：每日最高和最低温度之差的平均值。
> 加热设计温度：是在典型气候的一年中至少 99%时间内的最低户外干球温度。
> 晴朗数：平均值为 1.0。

● 场地

"场地"选项卡如图 2-37 所示，用于创建命名位置（场地），以管理场地上及相对于其他建筑物的建筑模型的方向和位置。

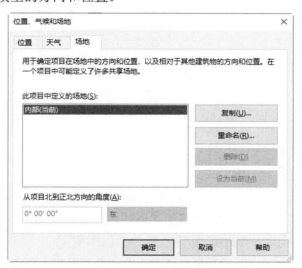

图 2-37　"场地"选项卡

> 此项目中定义的场地：列出项目中定义的所有命名位置。在默认情况下，项目存在命名为"内部"的场地。"内部"指向项目的内部原点。
> 复制：单击此按钮，复制选中的场地，并分配指定的名称。
> 重命名：单击此按钮，重命名选中的场地。
> 删除：单击此按钮，删除选中的场地。
> 设为当前：当前表示具有焦点和用作项目共享坐标的场地。
> 从项目北到正北方向的角度：这里显示当"项目基点"从当前场地到正北方向旋转时的度数和旋转方向。

2.4 建筑/空间类型设置

Revit 为建筑和空间参数提供了默认的明细表和设置，用来计算热负荷和冷负荷。

单击"管理"选项卡，在"设置"面板的"MEP 设置"下拉列表中单击"建筑/空间类型设置"按钮 （快捷键：BS），打开如图 2-38 所示的"建筑/空间类型设置"对话框。在该对话框中可以创建、复制、重命名或删除建筑/空间类型。

图 2-38 "建筑/空间类型设置"对话框

"建筑/空间类型设置"对话框中的主要选项说明如下。

- 建筑类型：指不同类型的建筑，如仓库、会议中心、体育馆等，每种建筑类型的能量分析参数都不一样。
- 空间类型：指建筑内的不同空间，如办公室的封闭区域或开放区域、中庭的前三层和每加层灯，每种空间类型的能量分析参数都不一样。
- 人均面积：每人使用的单位面积。
- 每人的显热增量：温度升高或降低而不改变其原有相态所需吸收或放出的热量。
- 每人的潜热增量：在温度不发生变化时吸收或放出的热量。
- 照明负荷密度：每平方米照明灯具散发的热量。
- 电力负荷密度：每平方米设备散发的热量。
- 正压送风系统光线分布：吊顶空间内吸收照明灯具散发的热量的百分比。
- 占用率明细表：建筑/空间内保持加热/制冷设定点的时间段。
- 照明明细表：显示发生照明增量的时间。
- 电力明细表：显示发生设备增量的时间。
- 开放时间：建筑开放的时间点。
- 关闭时间：建筑关闭的时间点。

可以对建筑模型中的某个建筑/空间类型的占用率明细表、照明明细表和电力明细表进行设置。选择"占用率明细表""照明明细表""电力明细表"选项，然后单击 按钮，打开如图 2-39 所示的"明细表设置"对话框。可以修改默认的明细表，也可以基于现有的默认明细表创建新的明细表。

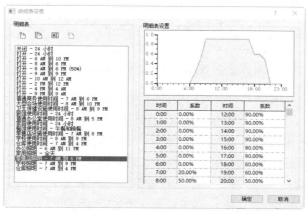

图 2-39 "明细表设置"对话框

2.5 空 间

可以将空间放置到建筑模型的所有区域，以进行精确的热负荷和冷负荷分析。

空间是通过识别链接建筑模型中的房间边界进行放置的，所以在进行空间放置前，应先对 Revit 模型中的房间边界进行设置。选取链接的 Revit 模型，单击属性选项板中的"编辑类型"按钮 ，打开"类型属性"对话框，勾选"房间边界"复选框，其他采用默认设置，如图 2-40 所示，单击"确定"按钮。

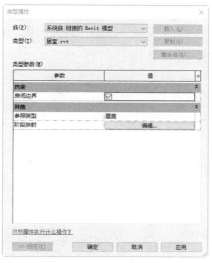

图 2-40 设置"居室"

（1）单击"分析"选项卡，在"空间和分区"面板中单击"空间"按钮 ，打开"修改|放置空间"选项卡和选项栏，如图 2-41 所示。

图 2-41 "修改|放置空间"选项卡和选项栏

"修改|放置空间"选项卡和选项栏中的选项说明如下。

- 自动放置空间 ：单击此按钮，在当前标高上的所有闭合边界区域中放置房间。
- 在放置时进行标记 ：如果要在放置房间时显示房间标记，则选中此按钮；如果要在放置房间时忽略房间标记，则取消选中此按钮。
- 高亮显示边界 ：如果要查看房间边界图元，则选中此按钮，Revit 将以金黄色高亮显示所有房间边界图元，并显示一个警告对话框。
- 上限：指定测量房间上边界的标高。如果要向标高 1 楼层平面添加一个房间，并希望该房间从标高 1 扩展到标高 2 或标高 2 上方的某个点，则可将"上限"设为"标高 2"。
- 偏移：输入房间上边界距该标高的距离。输入正值表示向"上限"标高上方偏移，输入负值表示向其下方偏移。
- ：指定所需房间的标记方向，有水平、垂直和建筑模型三种方向。
- 引线：指定房间标记是否带有引线。
- 空间：可以在该下拉列表中选择"新建"选项创建新的空间，或者选择一个现有空间。

（2）在属性选项板的"空间标记"下拉列表中包含"空间标记""使用体积的空间标记""使用面积的空间标记"三种选项，这里选择"空间标记"选项，如图 2-42 所示。

（3）在绘图区将鼠标指针放置在封闭区域中，此时空间高亮显示，如图 2-43 所示。单击放置空间，如图 2-44 所示。

图 2-42 "空间标记"属性选项板

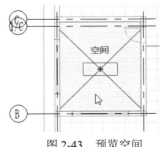

图 2-43 预览空间

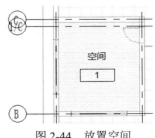

图 2-44 放置空间

（4）单击"自动放置空间"按钮 ![icon]，系统将自动创建空间，并提示自动创建空间的数量，如图 2-45 所示。

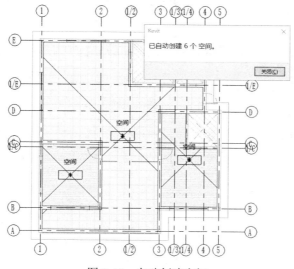

图 2-45　自动创建空间

（5）单击"分析"选项卡，在"空间和分区"面板中单击"空间 分隔符"按钮 ![icon]，打开"修改|放置 空间分隔"选项卡，默认激活"线"按钮 ![icon]，绘制分隔线，将空间分隔成两个或多个小空间，如图 2-46 所示。

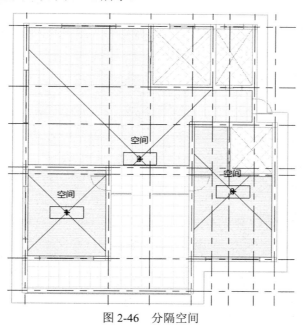

图 2-46　分隔空间

（6）选取空间名称进入编辑状态，此时空间以红色显示，双击空间名称，在文本框中输入空间名称为"卧室"，如图 2-47 所示。

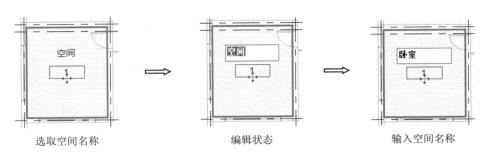

选取空间名称　　　　　　　　编辑状态　　　　　　　　输入空间名称

图 2-47　更改空间名称

（7）单击"分析"选项卡，在"空间和分区"面板中单击"空间命名"按钮，打开如图 2-48 所示的"空间命名"对话框，指定空间的命名方式，一般勾选"名称和编号"复选框。

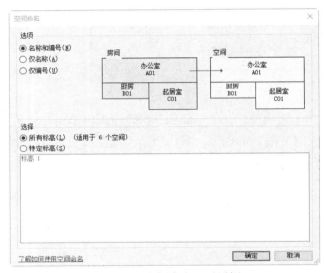

图 2-48　"空间命名"对话框

2.6　分　区

创建分区可定义有共同环境和设计需求的空间。MEP 项目始终至少有一个分区，即默认分区。当空间最初放置在项目中时，会添加到默认分区中。在使用链接建筑模型时，所有分区（和空间）必须在主体（本地）文件中。

将空间指定给（添加到）分区后，分区将以所指定的空间为边界，这时分区将不能移动。与空间不同，无边界分区不会捕捉有边界分区。但是，可以根据设计需要将无边界分区移动到有边界分区上。

由于分区是空间的集合，因此通常先将空间放置到建筑模型中，然后创建分区。但也可以根据具体的环境，先创建分区，然后将空间指定给所创建的分区。

（1）单击"分析"选项卡，在"空间和分区"面板中单击"分区"按钮 ，打开如图 2-49 所示的"编辑分区"选项卡。

图 2-49　"编辑分区"选项卡

（2）系统默认激活"添加空间"按钮 ，在视图中选取空间，单击"完成编辑分区"按钮 ，将选中的空间添加到同一分区，如图 2-50 所示。

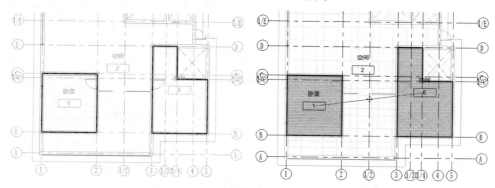

图 2-50　添加到同一分区

注意：
　　分区不能在立面视图或三维视图中显示，但可以在剖面视图中查看。

（3）选取分区，单击"修改|HVAC 区"选项卡中的"编辑分区"按钮 ，打开如图 2-49 所示的"编辑分区"选项卡，对分区进行添加空间或删除空间操作。

（4）单击"视图"选项卡，在"窗口"面板中单击"用户界面"按钮 ，在打开的下拉列表中勾选"系统浏览器"复选框或按 F9 键，打开"系统浏览器"对话框。

（5）在视图中选择"分区"选项，在分区列表中显示当前项目的分区信息，单击分区名称展开列表，可查看分区中包含的空间，如图 2-51 所示。

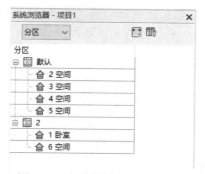

图 2-51　查看分区中包含的空间

2.7 热负荷与冷负荷

（1）单击"分析"选项卡，在"报告和明细表"面板中单击"热负荷和冷负荷"按钮 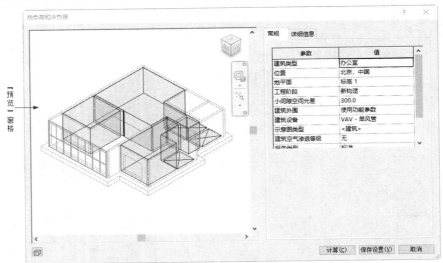（快捷键：LO），打开如图 2-52 所示的"热负荷和冷负荷"对话框。

图 2-52 "热负荷和冷负荷"对话框

"热负荷和冷负荷"对话框中的选项说明如下。

- "预览"窗格：显示建筑的分析模型。可以通过缩放、旋转和平移建筑模型检查每个分区和空间，尤其是间隙（其中没有放置空间的区域）。如果找到间隙，则必须解决它们。
- 线框 ☐/着色 ☐：将分析模型显示为线框/着色。
- 常规：该选项卡包含可直接影响加热和制冷分析的项目信息。
  - ➤ 建筑类型：在该下拉列表中指定建筑的类型。
  - ➤ 位置：指定建筑模型的地理位置，该位置决定在计算负荷时所使用的气候和温度。
  - ➤ 地平面：指定用作建筑地面标高参照的标高，此标高下的表面被视为地下表面。
  - ➤ 工程阶段：指定构造的阶段以用于分析。
  - ➤ 小间隙空间允差：指定将视为小间隙空间的区域的允差。
  - ➤ 建筑外围：指定用于确定建筑物围护结构的方法，包括使用功能参数和标示外部图元两种方法。
  - ➤ 建筑设备：指定建筑的加热和制冷系统。
  - ➤ 示意图类型：指定建筑的构造类型。单击 ⋯ 按钮，打开如图 2-53 所示的"示意图类型"对话框，可以在其中指定建筑的材质和隔热层。

图 2-53　"示意图类型"对话框

➢ 建筑空气渗透等级：指定通过建筑外围漏隙进入建筑的新风（新鲜空气）的估计量。

➢ 报告类型：指定在热负荷和冷负荷报告中提供的信息层次，包括简单、标准和详细。

➢ 使用负荷信用：允许以负数形式记录加热或制冷"信用"负荷。例如，从一个分区通过隔墙进入另一个分区的热可以是负数负荷/信贷。

● 详细信息：该选项卡包含可直接影响加热和制冷分析的空间和分区信息。

➢ 空间/分析表面：用于查看分析模型，以检查建筑模型中的体积，确认各平面已被正确识别。

➢ 分区和空间列表：建筑模型中各空间和分区的层级列表。可以通过该列表识别分区与其控制的空间之间的关系。可以选择一个或多个空间或分区，以便在预览窗格中查看选择对象或显示选定空间或分区的相关信息。

➢ 高亮显示 🔲：在分析模型中显示选定的分区或空间。

➢ 隔离 🔲：在分析模型中只显示选定的空间。

➢ 显示相关警告 ⚠：显示与分析模型中所选空间相关的警告消息。

➢ 空间信息：从下拉列表中选择一个或多个空间后，将显示以下空间信息。这些空间信息会影响热负荷和冷负荷分析。

　◇ 空间类型：指定选定空间的空间类型。

　◇ 构造类型：指定选定空间的构造类型。

　◇ 人员：指定选定空间的人员负荷。

　◇ 电气数据：指定选定空间的照明和电力负荷。

➢ 分区信息：从下拉列表中选择一个或多个分区后，将显示以下分区信息。这些分区信息会影响热负荷和冷负荷分析。

　◇ 设备类型：指定选定分区的加热和制冷设备的类型。

　◇ 加热信息：指定选定分区的加热设定点、加热空气温度和湿度设定点。

◇ 制冷信息：指定选定分区的制冷设定点、制冷空气温度和除湿设定点。

◇ 新风信息：显示新风的计算结果。

- 计算：使用集成工具执行热负荷和冷负荷分析。
- 保存设置：保存参数设置。

（2）在对话框中设置各个参数，参数设置完成后，单击"计算"按钮，根据设置的参数进行计算并生成负荷报告，如图 2-54 所示。

Project Summary

位置和气候	
项目	项目名称
地址	请在此处输入地址
计算时间	2020年6月19日 9:25
报告类型	标准
纬度	39.92°
经度	116.43°
夏季干球温度	36 ℃
夏季湿球温度	28 ℃
冬季干球温度	-11 ℃
平均日较差	9 ℃

Building Summary

输入	
建筑类型	办公室
面积 (m²)	103
体积 (m³)	276.25
计算结果	
峰值总冷负荷 (kW)	**23**
峰值制冷时间(月和小时)	七月 15:00
峰值显热冷负荷 (kW)	21
峰值潜热冷负荷 (kW)	1
最大制冷能力 (kW)	23
峰值制冷风量 (m³/h)	5,711.8
峰值热负荷 (kW)	**17**
峰值加热风量 (m³/h)	2,720.1
校验和	
冷负荷密度 (W/m²)	221.24
冷流体密度 (L/(s·m²))	15.36
冷流体/负荷 (L/(s·kW))	69.44
制冷面积/负荷 (m²/kW)	4.52
热负荷密度 (W/m²)	161.74
热流体密度 (L/(s·m²))	7.32

图 2-54 负荷报告

2.8 上 机 操 作

1. 目的要求

熟悉机械、电气设置。

2. 操作提示

（1）进行风管、管道设置。

（2）进行配线、配电系统、电缆桥架和线管设置。

第 3 章

自动喷水灭火系统

知识导引

本工程中室内消火栓用水量为 20L/s，室外消火栓用水量为 20L/s，自动喷水灭火系统用水量为 30L/s，室内外消防总用水量为 70L/s。室外消防用水由基地供水管网直接供给；室内消火栓系统由消防泵抽吸消防水池中水供给，喷淋系统由喷淋泵抽吸消防水池中水供给；消防泵与喷淋泵均设于地下室水泵房。本建筑所在地内各单体建筑消防供水按一次火灾考虑，消火栓及喷淋系统均设置两条供水管接至室外。

‖ 3.1 绘图前准备 ‖

在创建自动喷水灭火系统之前先链接建筑模型，并进行管道属性配置。

视频：链接建筑模型

3.1.1 链接建筑模型

（1）执行"模型"→"新建"命令，打开"新建项目"对话框，在"样板文件"下拉列表中选择"机械样板"选项，单击"确定"按钮，新建机械样板文件，系统自动切换视图到楼层平面：1-机械。

（2）单击"插入"选项卡，在"链接"面板中单击"链接 Revit"按钮，打开"导入/链接 RVT"对话框，在"定位"下拉列表中选择"自动-原点到原点"选项，其他采用默认设置，如图 3-1 所示，单击"打开"按钮，将建筑模型链接至项目文件，如图 3-2 所示。

图 3-1 "导入/链接 RVT"对话框

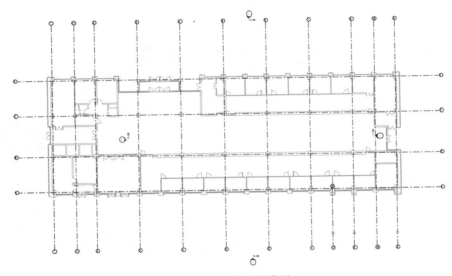

图 3-2 链接建筑模型

（3）选取链接建筑模型，打开"修改|RVT 链接"选项卡，如图 3-3 所示。单击"修改|RVT 链接"选项卡，在"链接"面板中单击"管理链接"按钮 📄，打开如图 3-4 所示的"管理链接"对话框，显示有关链接的信息。

图 3-3 "修改|RVT 链接"选项卡

图 3-4　"管理链接"对话框

"管理链接"对话框中的选项说明如下。

- 链接名称：指示链接建筑模型或文件的名称。
- 状态：指示在主体建筑模型中是否载入链接，包括已载入、未载入和未找到。
- 参照类型：指定在将主体建筑模型链接到另一个建筑模型时是附着（显示）还是覆盖（隐藏）。
  - ➢ 附着：当链接建筑模型的主体链接到另一个建筑模型时，将显示该链接建筑模型。
  - ➢ 覆盖：该选项为默认设置。如果导入包含嵌套链接的建筑模型，则显示一条消息，说明导入的建筑模型包含嵌套链接，并且这些建筑模型在主体建筑模型中不可见。
- 位置未保存：指定链接的位置是否保存在共享坐标系中。
- 保存路径：链接文件或建筑模型的位置。在工作共享中，这是中心模型的位置。
- 路径类型：指定链接的保存路径是相对还是绝对。默认是相对。
- 本地别名：如果使用基于文件的工作共享，并且已链接到 Revit 建筑模型的本地副本，而不是链接到中心模型，则其位置会显示到此处。
- 卸载：选取链接建筑模型，单击此按钮，打开如图 3-5 所示的"卸载链接"对话框，单击"确定"按钮，将链接建筑模型暂时从项目中删除。
- 保存位置：保存链接实例的位置。
- 重新载入来自：如果链接文件已被移动，则可单击此按钮，更改链接的路径。
- 重新载入：载入最新版本的链接文件，可以关闭建筑模型并重新打开它，链接文件将被重新载入。
- 添加：将 Revit 建筑模型、IFC 文件、CAD 文件、点云或地形链接至建筑模型，并在当前视图中放置实例。
- 删除：从建筑模型中删除链接文件。链接只能通过将其插入为新链接恢复。
- 管理工作集：单击此按钮，打开"管理链接的工作集"对话框，用以打开和关闭链接建筑模型中的工作集。

📢**提示:**

链接建筑模型是不可编辑的,如果需要编辑链接,则需要将建筑模型绑定到当前项目。选取链接建筑模型,单击"修改|RVT 链接"选项卡,在"链接"面板中单击"绑定链接"按钮,打开如图 3-6 所示的"绑定链接选项"对话框,选取要绑定的项目,单击"确定"按钮。

此时系统弹出如图 3-7 所示的警告对话框,单击"删除链接"按钮,链接建筑模型为一个建筑模型组。选取建筑模型组,单击"修改|模型组"选项卡,在"成组"面板中单击"解组"按钮,将建筑模型组分解成单个图元,即可对其进行编辑。

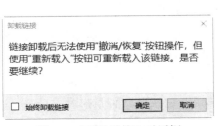

图 3-5 "卸载链接"对话框

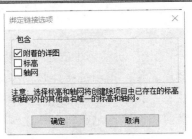

图 3-6 "绑定链接选项"对话框

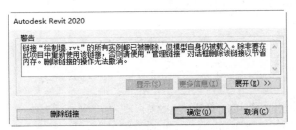

图 3-7 警告对话框

(4)将视图切换至东-机械立面视图,发现绘图区中包含两套标高,一套是机械样板文件自带的标高,另一套是链接建筑模型的标高,如图 3-8 所示。

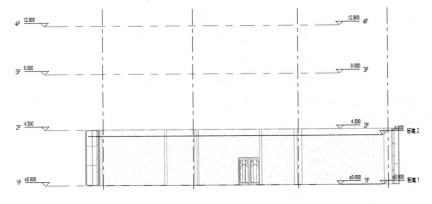

图 3-8 东-机械立面视图

（5）选取机械样板自带的标高 1 和标高 2，按 Delete 键，弹出警告对话框，提示各视图将被删除，如图 3-9 所示，单击"确定"按钮，删除自带的平面和标高。

图 3-9　提示各视图将被删除

（6）单击"协作"选项卡，在"坐标"面板的"复制/监视"  下拉列表中单击"选择链接"按钮 ，在视图中选择链接建筑模型，打开如图 3-10 所示的"复制/监视"选项卡。

图 3-10　"复制/监视"选项卡

"复制/监视"选项卡中的选项说明如下。

- 选项 🔧：单击此按钮，打开如图 3-11 所示的"复制/监视选项"对话框，针对不同图元类型，可以在不同的选项卡中采用各种方式使复制的图元不同于原始图元。

图 3-11　"复制/监视选项"对话框

> 标高偏移：相对于原始标高按照指定的值垂直偏移复制的标高。

> 重用具有相同名称的标高：勾选此复选框，如果当前建筑模型中包含的某一标高与链接建筑模型中的某一标高同名，则不会创建新的标高。相反，当前建筑模型中的现有标高将被移动，以与链接建筑模型中相应标高位置匹配，并在这些标高之间建立监视。

> 重用匹配标高：包括"不重用""图元完全匹配时重用"和"处于偏移内时重用"。

　　◇ 不重用：选择此选项，即使当前建筑模型已在相同立面包含标高，也仍然创建标高副本。

　　◇ 图元完全匹配时重用：如果当前建筑模型中包含的标高与链接建筑模型中的标高位于相同立面，则不复制该标高。相反，将在当前建筑模型和链接建筑模型中的这些标高之间创建关系。

　　◇ 处于偏移内时重用：如果当前项目中包含的标高与链接建筑模型中的标高具有相似立面，则不会复制该标高。

> 为标高名称添加后缀：输入要为复制的标高名称添加的后缀。

> 为标高名称添加前缀：输入要为复制的标高名称添加的前缀。

- 复制 ⚙：单独选择要复制到当前建筑模型中的装置。
- 监视 ⚙：单击此按钮，在对应的成对图元之间建立关系。
- 坐标设置 ⚙：单击此按钮，打开如图 3-12 所示的"协调设置"对话框，为每个装置类别指定复制行为和映射行为。
- 批复制 ⚙：可以按照指定的类型映射，在批处理模式下复制该类别中的装置。

（7）单击"工具"面板中的"复制"按钮 ⚙，在立面视图中选择所有标高，单击"完成"按钮 ✔，完成标高复制。

（8）单击"视图"选项卡，在"创建"面板的"平面视图" 📄 下拉列表中单击"楼层平面"按钮 🗎，打开"新建楼层平面"对话框，选取所有标高，如图 3-13 所示，单击"确定"按钮，平面视图名称将显示在项目浏览器中。

图 3-12 "协调设置"对话框

图 3-13 "新建楼层平面"对话框

（9）单击快速访问工具栏中的"保存"按钮 💾（快捷键：Ctrl+S），将项目文件进行保存并复制，以便创建电气系统和暖通系统。

3.1.2 管道属性配置

（1）单击"系统"选项卡，在"卫浴和管道"面板中单击"管 　　视频：管道属性配置道"按钮 （快捷键：PI），在属性选项板中单击"编辑类型"按钮 ，打开"类型属性"对话框，新建"消防给水管"类型，单击布管系统配置栏中的"编辑"按钮 编辑... ，打开"布管系统配置"对话框，设置"管段"为"钢塑复合-CECS 125"，"最小尺寸"为"15.000mm"，"最大尺寸"为"150.000mm"，其他采用默认设置，如图 3-14 所示，单击"确定"按钮。

图 3-14　"布管系统配置"对话框

"布管系统配置"对话框中的选项说明如下。

- 管段和尺寸：单击此按钮，打开"机械设置"对话框的"管段和尺寸"面板，添加或删除管段、修改其属性，或者添加或删除可用的尺寸。
- 载入族：单击此按钮，打开"载入族"对话框，选取需要的管件，将其载入当前项目。
- 添加行 ：选取行，单击此按钮，在选取行下方生成新行。
- 删除行 ：选取行，单击此按钮，删除所选取的行，
- 向上移动行 /向下移动行 ：选取行，单击此按钮，调整行的位置。

（2）单击"视图"选项卡，在"图形"面板中单击"可见性/图形"按钮 （快捷键：VG），打开"楼层平面：1F 的可见性/图形替换"对话框，选择"过滤器"选项卡，如图 3-15 所示。

图 3-15　"过滤器"选项卡

📢 提示：

　　如果"楼层平面：1F 的可见性/图形替换"对话框中的选项不可用，则需要在属性选项板中设置"视图样板"为"无"。

"楼层平面：1F 的可见性/图形替换"对话框中"过滤器"选项卡的选项说明如下。

- 可见性：显示或隐藏视图中的图元。
- 投影线：编辑投影图元的填充图案、颜色和线宽。
- 表面填充图案：编辑前景和背景的可见性、颜色和填充图案。
- 表面透明度：只显示图元线而不显示表面。
- 截面线：编辑截面图元的填充图案、颜色和线宽。
- 截面填充图案：编辑前景和背景的可见性、颜色和填充图案。
- 半色调：将图元的线颜色与视图的背景颜色相混合。勾选此复选框，将以半色调绘制所有线图形和实体填充。半色调对着色视图中的材质颜色没有任何影响。

（3）单击"添加"按钮 添加(D)，打开如图 3-16 所示的"添加过滤器"对话框，单击"编辑/新建"按钮 编辑/新建(E)...，打开如图 3-17 所示的"过滤器"对话框，单击"新建"按钮 ，打开"过滤器名称"对话框，输入"名称"为"消防给水管"，如图 3-18 所示。

图 3-16 "添加过滤器"对话框

图 3-17 "过滤器"对话框

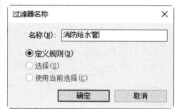

图 3-18 "过滤器名称"对话框

（4）单击"确定"按钮，返回"过滤器"对话框，在过滤器列表框中勾选与管道有关的复选框，在"过滤器规则"选区中设置"过滤条件"为"系统名称""包含""消防"，如图 3-19 所示，单击"确定"按钮，在"楼层平面：1F 的可见性/图形替换"对话框中添加消防给水管。

图 3-19　设置过滤条件

（5）在图 3-15 所示的选项卡中单击"投影/表面"列表下"填充图案"中的"替换"
按钮 <kbd>替换...</kbd>，打开"填充样式图形"对话框，在第一个"填充图案"下拉列表中选
择"实体填充"选项，单击第一个"颜色"选项，打开"颜色"对话框，选择红色，如
图 3-20 所示，单击"确定"按钮，返回"填充样式图形"对话框，其他采用默认设置，
如图 3-21 所示，单击"确定"按钮。

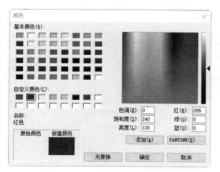

图 3-20　"颜色"对话框

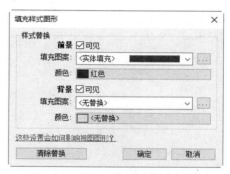

图 3-21　"填充样式图形"对话框

（6）采用相同的方法，在"三维视图：{3D}的可见性/图形替换"对话框的"过滤器"
选项卡中添加消防给水管，如图 3-22 所示。

图 3-22　添加消防给水管

3.2　创建自动喷水灭火系统

本工程内设置自动喷水灭火系统。一层层高超过 8m 的门厅按非仓库类高大净空场所设计，设计喷水强度为 6L/min·m²，作用面积 260m²；其余设置场所为中危险级Ⅰ级，设计喷水强度为 6L/min·m²，作用面积 160m²。一层车库设计危险等级为中危险级Ⅱ级，设计喷水强度为 8L/min·m²，作用面积 160m²。水力报警阀设置于设备机房，其显示信号接至防灾中心并启动喷淋泵。水力报警阀安装喷头数不超过 800 个，采用下垂型喷头，喷头动作温度均为 68℃。

3.2.1　导入 CAD 图纸

视频：导入 CAD 图纸

（1）单击"插入"选项卡，在"导入"面板中单击"链接 CAD"按钮，打开"链接 CAD 格式"对话框，选择"一层喷淋平面图"选项，设置"定位"下拉列表为"自动-中心到中心"，"放置于"下拉列表为"1F"，勾选"定向到视图"复选框，"导入单位"下拉列表为"毫米"，其他采用默认设置，如图 3-23 所示，单击"打开"按钮，导入 CAD 图纸，如图 3-24 所示。

图 3-23　"链接 CAD 格式"对话框

"链接 CAD 格式"对话框中的选项说明如下。

- 仅当前视图：仅将 CAD 图纸导入活动视图，图元行为类似注释。
- 颜色：提供保留、反选和黑白三种选项。系统默认为保留。
  - ➤ 保留：导入的文件保持原始颜色。
  - ➤ 反选：将来自导入文件的所有线和文字对象的颜色反转为 Revit 专用颜色。深色变浅，浅色变深。
  - ➤ 黑白：以黑白方式导入文件。
- 图层/标高：提供全部、可见和指定三种选项。系统默认为全部。

- ➤ 全部：导入原始文件中的所有图层。
- ➤ 可见：导入原始文件中的可见图层。
- ➤ 指定：选择此选项，导入 CAD 文件时会打开"选择要导入/连接的图层/标高"对话框，在该对话框中可以选择要导入的图层。

- 导入单位：为导入的几何图形明确设置测量单位，包括自动检测、英尺、英寸、米、分米、厘米、毫米和自定义系数。选择"自动检测"选项，如果要导入的 AutoCAD 文件是以英制创建的，则该文件将以英尺和英寸为单位导入 Revit；如果要导入的 AutoCAD 文件是以公制创建的，则该文件将以毫米为单位导入 Revit。
- 纠正稍微偏离轴的线：系统默认勾选此复选框，可以自动更正稍微偏离轴（小于 0.1 度）的线，并且有助于避免由这些线生成的 Revit 图元出现问题。
- 定位：指定链接文件的坐标位置，包括手动和自动。
  - ➤ 自动-中心到中心：将导入几何图形的中心放置到 Revit 主体模型的中心。
  - ➤ 自动-原点到原点：将导入几何图形的原点放置到 Revit 主体模型的原点。
  - ➤ 手动-原点：在当前视图显示导入的几何图形，同时鼠标指针会放置在导入项或链接项的世界坐标原点上。
  - ➤ 手动-中心：在当前视图显示导入的几何图形，同时鼠标指针会放置在导入项或链接项的几何中心上。
- 放置于：指定放置文件的位置。在下拉列表中选择某一标高后，导入的文件将放置于当前标高位置。如果勾选"定向到视图"复选框，则此选项不可用。
- 定向到视图：如果"正北"和"项目北"没有在 Revit 主体模型中对齐，则勾选该复选框可在视图中对 CAD 文件进行定向。

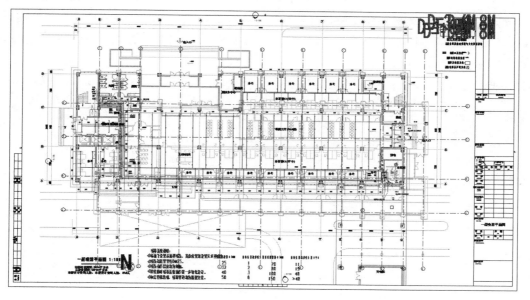

图 3-24　导入 CAD 图纸

（2）单击"修改"选项卡，在"修改"面板中单击"对齐"按钮 ⊫（快捷键：AL），在建筑模型中单击①轴线，然后单击链接 CAD 图纸中的①轴线，将①轴线对齐；接着在建筑模型中单击 A 轴线，然后单击链接 CAD 图纸中的 A 轴线，将 A 轴线对齐，此时，链接 CAD 图纸与建筑模型重合，如图 3-25 所示。

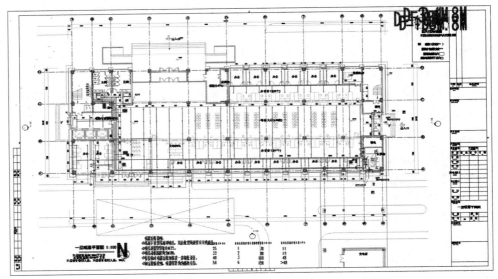

图 3-25　对齐一层喷淋平面图图纸

（3）单击"修改"选项卡，在"修改"面板中单击"锁定"按钮 ⊡（快捷键：PN），选择 CAD 图纸，将其锁定，以免在布置管道和设备的过程中移动图纸，产生混淆。

（4）选取图纸，打开如图 3-26 所示的"修改|一层喷淋平面图.dwg"选项卡，单击"查询"按钮 ⊜，在图纸中选取要查询的图形，打开如图 3-27 所示的"导入实例查询"对话框，单击"在视图中隐藏"按钮，将选取的图层隐藏，采用相同的方法，隐藏其他图形，整理后的图形如图 3-28 所示。

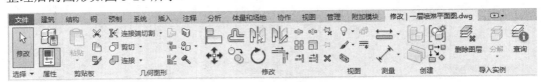

图 3-26　"修改|一层喷淋平面图.dwg"选项卡

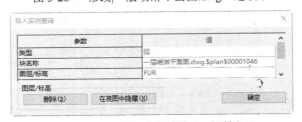

图 3-27　"导入实例查询"对话框

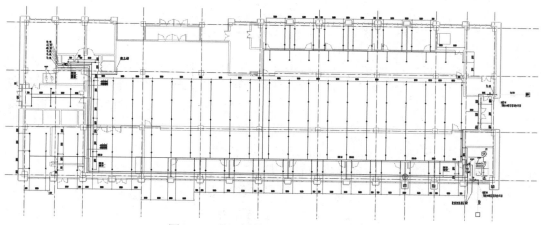

图 3-28　整理后的一层喷淋平面图图形

3.2.2　绘制管道

（1）单击"系统"选项卡，在"卫浴和管道"面板中单击"管道"
按钮 （快捷键：PI），打开"修改|放置 管道"选项卡和选项栏，如
图 3-29 所示。

视频：绘制管道

图 3-29　"修改|放置 管道"选项卡和选项栏

"修改|放置 管道"选项卡和选项栏中的选项说明如下。

- 对正 ：单击此按钮，打开如图 3-30 所示的"对正设置"对话框，设置水平和垂
直方向的对正和偏移。注意，当管道占位符工具处于选中状态时此按钮不可用。

图 3-30　"对正设置"对话框

- ➢ 水平对正：以管道的中心、左侧或右侧为参照，将管道部分的边缘水平对齐。
- ➢ 水平偏移：允许用户指定在绘图区中单击的位置与绘制管道的位置之间的偏

移。在视图中的管道和另一建筑构件之间以固定距离放置管道时，此选项非常有用。

> 垂直对正：以管道的中、底或顶部为参照，将管道部分的边缘垂直对齐。

- 自动连接 ：在开始或结束风管管段时，可以自动连接建筑构件。该选项对于连接不同高程的管段非常有用。但是，当沿着与另一条风管相同的路径以不同偏移量绘制风管时，应取消"自动连接"，避免生成意外连接。
- 继承高程 ：继承捕捉到的图元的高程。
- 继承大小 ：继承捕捉到的图元的大小。
- 添加垂直 ：使用当前坡度值来倾斜管道连接。
- 更改坡度 ：不考虑坡度值来倾斜管道连接。
- 禁用坡度 ：绘制不带坡度的管道。
- 向上坡度 ：绘制向上倾斜的管道。
- 向下坡度 ：绘制向下倾斜的管道。
- 坡度值：指定绘制倾斜管道时的坡度值。
- 显示坡度工具提示 ：在绘制倾斜管道时显示坡度信息。
- 直径：指定管道的直径。
- 中间高程：指定管道相对于当前标高的垂直高程。
- 锁定/解锁指定高程 / ：锁定后，管段始终保持原高程，不能连接处于不同高程的管段。
- 应用：应用当前的选项栏设置。单击此按钮，指定偏移在平面图中绘制垂直管道时，将在原始偏移高程和所应用的设置之间创建垂直管道。

（2）在属性选项板中设置"系统类型"为"湿式消防系统"，其他采用默认设置，如图 3-31 所示。

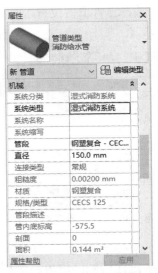

图 3-31 "湿式消防系统"属性选项板

（3）在选项栏中设置"直径"为"150.0mm"，"中间高程"为"-500.0mm"，在绘图区中捕捉图纸上湿式报警阀的中点，单击指定管道的起点，移动鼠标指针到适当位置，单击确定管道的终点，也可以直接输入管道长度确定管道终点，完成一段管道的绘制，完成绘制后，按 Esc 键退出管道命令的绘制，如图 3-32 所示。

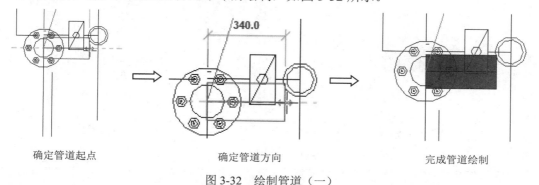

| 确定管道起点 | 确定管道方向 | 完成管道绘制 |

图 3-32　绘制管道（一）

📢 提示：

如果在绘制管道过程中提示所创建的图元不可见，如图 3-33 所示，则需要退出管道命令，在属性选项板的视图范围栏中单击"编辑"按钮，打开如图 3-34 所示的"视图范围"对话框，设置"视图深度"选区中的"标高"为"无限制"，单击"确定"按钮。

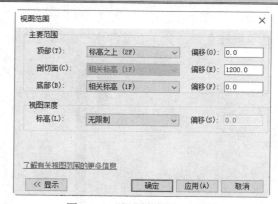

图 3-33　所创建的图元不可见　　　　　　图 3-34　"视图范围"对话框

（4）捕捉上一步绘制的管道终点为起点，向下移动鼠标指针，显示临时长度和角度，可以直接输入长度和角度确定管道终点，系统自动在管道的转折处生成弯头，如图 3-35 所示。

📢 提示：

过渡件、T 形三通和弯头会根据布管系统配置自动添加到双线管道的管段。绘制占位符管道时不使用弯头或 T 形三通。管件的角度根据"机械设置"对话框中的"角度"设置绘制。如果将管道指定给某个系统，则连接到该管道的装置和设备也添加到该系统。

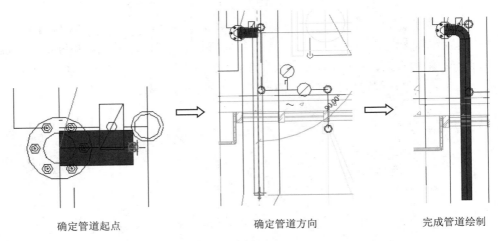

确定管道起点　　　　　　　　确定管道方向　　　　　　　　完成管道绘制

图 3-35　绘制管道（二）

📢 提示：

　　如果生成的管道不显示真实大小，则应在控制栏中将"详细程度"更改为"精细"。

　　管道在隐藏线视图中使用中心线显示。对于管道管件，可以通过编辑族、添加建筑模型线及将其类别设置为中心线来替换默认的中心线。

　　（5）在选项栏中设置"直径"为"150.0mm"，"中间高程"为"3800.0mm"，捕捉上一步绘制的管道起点，根据 CAD 图纸绘制直径为 150mm 的水平管，系统自动在水平管之间生成立管，并在立管和水平管的连接处生成弯头，如图 3-36 所示。

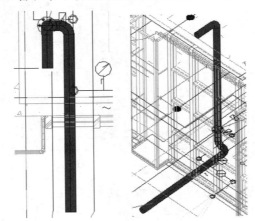

图 3-36　生成弯头

　　（6）根据 CAD 图纸，采用上述方法，继续绘制配水管和立管，如图 3-37 所示。

　　（7）将视图切换至三维视图，单击"系统"选项卡，在"卫浴和管道"面板中单击"管道"按钮 （快捷键：PI），在选项栏中设置"直径"为"150.0mm"，"中间高程"为"0mm"，捕捉上一步绘制的管道起点，单击选项栏中的"应用"按钮 应用 ，创建立管，如图 3-38 所示。

（8）因为此立管是通向其他楼层的管道，所以这里要将弯头更改为 T 形三通。选取弯头，单击"T 形三通"图标 ✚，将弯头转为 T 形三通，如图 3-39 所示。

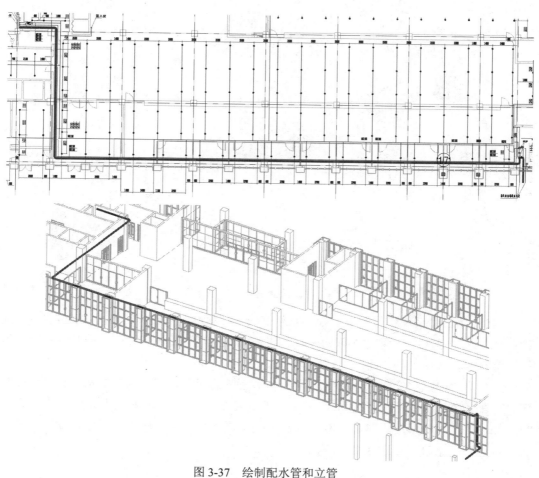

图 3-37　绘制配水管和立管

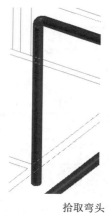

拾取弯头

图 3-38　绘制立管

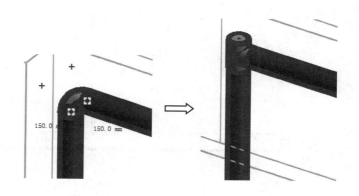

图 3-39　弯头转为 T 形三通

77

（9）采用相同的方法，根据 CAD 图纸，绘制另一套给水管，如图 3-40 所示。

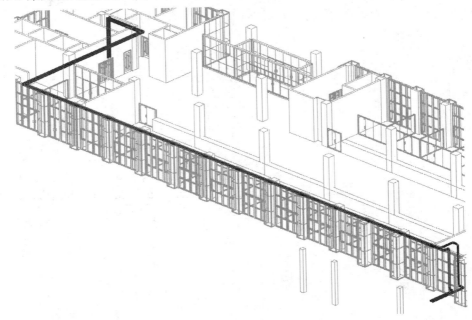

图 3-40　绘制另一套给水管

（10）单击"系统"选项卡，在"卫浴和管道"面板中单击"管道"按钮（快捷键：PI），在选项栏中设置"中间高程"为"3800.0mm"，根据 CAD 图纸和标注的管径，绘制配水管，如图 3-41 所示。

（11）因为主配水管和配水管的高程一样，左侧的配水管和右侧的配水管直接连接会穿过主配水管，所以此处布置的配水管要避让主配水管。在选项栏中设置"直径"为"150.0mm"，"中间高程"为"4300.0mm"，捕捉两侧配水管的端点，系统自动在主配水管上方绘制配水管，如图 3-42 所示。

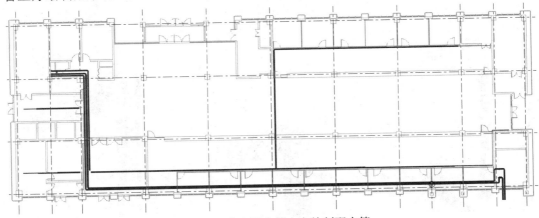

图 3-41　在主配水管上方绘制配水管

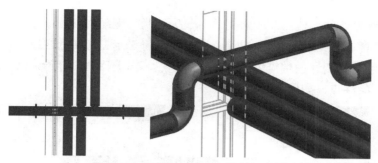

图 3-42　在主配水管上方绘制配水管

（12）将图 3-42 所示的弯头更改为 T 形三通，然后捕捉 T 形三通另一侧端点绘制管道连接配水管，如图 3-43 所示。

（13）采用相同的方法，绘制另一处的配水管与干管之间的避让管，如图 3-44 所示。

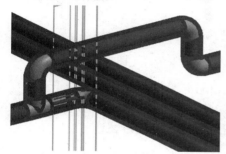

图 3-43　绘制管道连接配水管

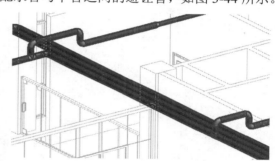

图 3-44　绘制避让管

（14）单击"系统"选项卡，在"卫浴和管道"面板中单击"管道"按钮（快捷键：PI），在选项栏中设置"直径"为"25.0mm"，"中间高程"为"3800.0mm"，捕捉水平配水管中心线上一点为起点，根据 CAD 图纸，绘制管道，系统自动在管道的连接处生成 T 形三通和过渡件，如图 3-45 所示。

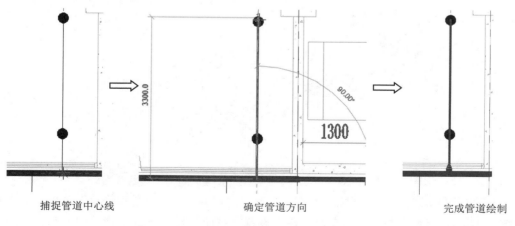

捕捉管道中心线　　　　　　　确定管道方向　　　　　　　完成管道绘制

图 3-45　绘制管道（三）

（15）在配水管的两侧绘制配水支管时，先绘制一侧配水支管，系统自动生成 T 形三通，然后选取 T 形三通，单击"四通"图标✚，将 T 形三通转为四通，如图 3-46 所示。

（16）继续捕捉四通的端点为配水支管的起点，向上移动鼠标指针，根据 CAD 图纸确定配水支管的终点，如图 3-47 所示。

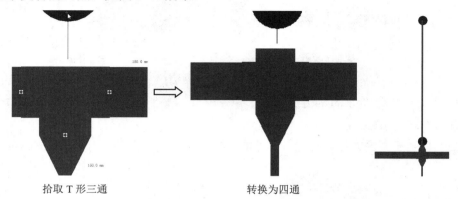

拾取 T 形三通　　　　　　　　转换为四通

图 3-46　T 形三通转换为四通　　　　　　　　图 3-47　绘制管道（四）

（17）采用相同的方法，根据 CAD 图纸绘制各配水支管，如图 3-48 所示。

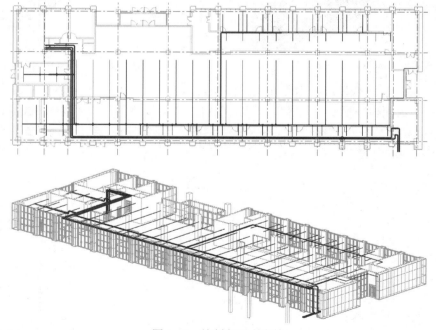

图 3-48　绘制各配水支管

（18）将视图切换至三维视图，单击"系统"选项卡，在"卫浴和管道"面板中单击"管道"按钮 ⬛（快捷键：PI），在选项栏中设置"直径"为"25.0mm"，"中间高程"为"1500.0mm"，捕捉最末端端点，单击"应用"按钮 应用，向下绘制直径为 25mm 的试水管，如图 3-49 所示。

（19）在属性选项板中单击"编辑类型"按钮 ，打开"类型属性"对话框，单击布管系统配置栏中的"编辑"按钮 ，打开"布管系统配置"对话框，单击"管段和尺寸"按钮，打开"机械设置"对话框，在"管段"下拉列表中选择"钢塑复合-CECS 125"，单击"新建尺寸"按钮，打开"添加管道尺寸"对话框，输入"公称直径""内径""外径"，如图 3-50 所示，单击"确定"按钮，返回"机械设置"对话框，新建的尺寸添加到列表，如图 3-51 所示。

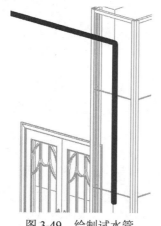

图 3-49　绘制试水管

图 3-50　"添加管道尺寸"对话框

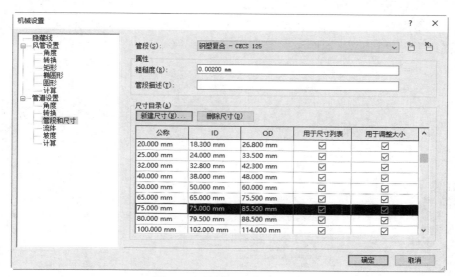

图 3-51　"机械设置"对话框

（20）在选项栏中设置"直径"为"75.0mm"，"中间高程"为"0mm"，捕捉最末端端点，单击"应用"按钮 ，删除变径管，在试水管的下方绘制直径为 75mm 的排水立管，如图 3-52 所示。

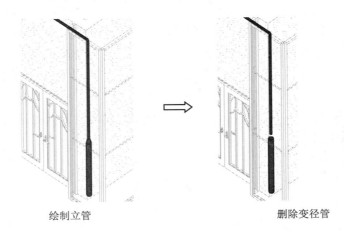

绘制立管   删除变径管

图 3-52　绘制排水立管

3.2.3　布置喷头和管道

（1）单击"系统"选项卡，在"卫浴和管道"面板中单击"喷头"按钮（快捷键：SK），打开如图 3-53 所示的提示对话框，询问是否载入喷头族，单击"是"按钮，打开"载入族"对话框，执行"China"→"消防"→"给水和灭火"→"喷淋头"→"喷淋头-ZST 型-闭式-下垂型.rfa"命令，如图 3-54 所示，单击"打开"按钮，载入文件。

（2）在属性选项板中选择"喷淋头-ZST 型-闭式-下垂型 ZSTX-20-68℃"，设置"标高中的高程"为"3400"，如图 3-55 所示。

图 3-53　是否载入喷头族

图 3-54　载入喷淋头文件

图 3-55　"喷淋头"属性选项板

（3）根据 CAD 图纸，在分支管中线端点处单击放置喷头，如图 3-56 所示。按 Esc 键退出喷头命令。

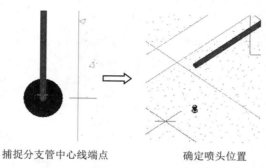

捕捉分支管中心线端点　　　　确定喷头位置

图 3-56　放置喷头

（4）在三维视图中，选取喷头，单击"创建管道"图标 ，在选项栏中设置"中间高程"为"3800.0 mm"，单击"应用"按钮 应用 ，绘制短立管，如图 3-57 所示。

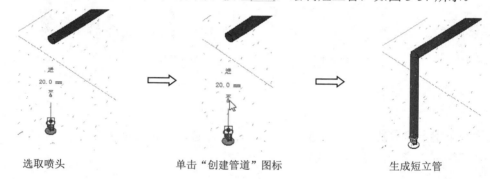

选取喷头　　　　　单击"创建管道"图标　　　　　生成短立管

图 3-57　绘制短立管

（5）选取上一步绘制的短立管，拖动管道上的控制点向上移动鼠标指针至水平管的端点，系统自动在立管和水平支管的连接处生成弯头，然后选取短立管，在选项栏中设置"直径"为"25.0 mm"，则短立管直径更改为 25mm，如图 3-58 所示。

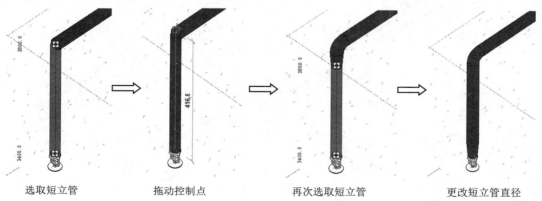

选取短立管　　　　拖动控制点　　　　再次选取短立管　　　　更改短立管直径

图 3-58　修改短立管

（6）选取喷头，打开如图 3-59 所示的"修改|喷头"选项卡，单击"连接到"按钮 ，然后选取分支管，系统自动创建连接喷头和分支管的短立管和连接件，再选取短立管和连接件，将管径更改为 25mm，如图 3-60 所示。

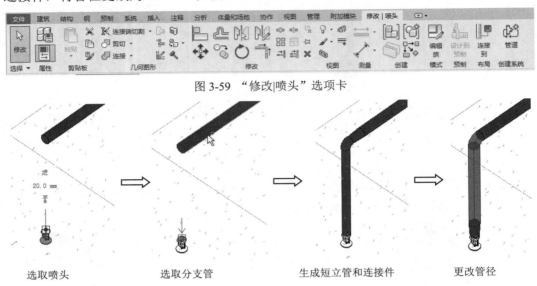

图 3-59   "修改|喷头"选项卡

| 选取喷头 | 选取分支管 | 生成短立管和连接件 | 更改管径 |

图 3-60   创建短立管

（7）采用上述方法，根据 CAD 图纸，布置其他分支管上的喷头，并绘制喷头与分支管之间的短立管，如图 3-61 所示。

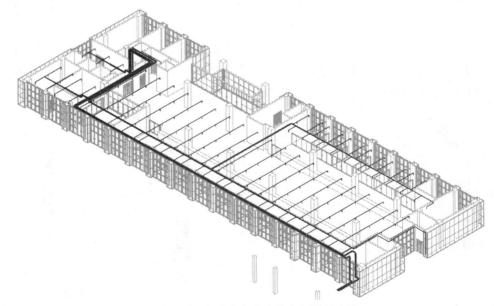

图 3-61   绘制喷头与分支管之间的短立管

📢 **提示**：喷头的布置原则如下。

（1）喷头应布置在顶板或吊顶下易于接触到火灾热气流并有利于均匀布水的位置。当喷头附近有障碍物时，应增设补偿喷水强度的喷头。

（2）直立型、下垂型喷头的布置，包括同一根配水支管上喷头的间距及相邻配水支管的间距，应根据系统的喷水强度、喷头的流量系数和工作压力确定，应不大于表 3-1 的规定且不宜小于 2.4m。

（3）除吊顶型喷头及吊顶下安装的喷头之外，直立型、下垂型标准喷头，其溅水盘与顶板的距离不应小于 75mm，不应大于 150mm。

（4）当在梁或其他障碍物底面下方的平面上布置喷头时，溅水盘与顶板的距离不应大于 300mm，同时溅水盘与梁等障碍物底面的垂直距离不应小于 25mm，不应大于 100mm。

（5）当在梁间布置喷头时，应符合相关规定。有困难时，溅水盘与顶板的距离不应大于 550mm。梁间布置的喷头，喷头溅水盘与顶板距离达到 550mm 仍不符合相关规定时，应在梁底面的下方增设喷头。

（6）密肋梁板下方的喷头，溅水盘与密肋梁板底面的垂直距离不应小于 25mm，不应大于 100mm。

（7）在净空高度不超过 8m 的场所中，间距不超过 4m×4m 布置的十字梁，可在梁间布置 1 只喷头，但喷水强度仍应符合表 3-2 的规定。

表 3-1　同一根配水支管上喷头的间距及相邻配水支管的间距

喷水强度/(L/min.m²)	正方形布置的边长/m	矩形或平行四边形布置的长边边长/m	一只喷头的最大保护面积/m²	喷头与端墙的最大距离/m
4	4.4	4.5	20	2.2
6	3.6	4.0	12.5	1.8
8	3.4	3.6	11.5	1.7
≥12	3.0	3.6	9	1.5

表 3-2　民用建筑和工业厂房的系统设计参数

火灾危险等级		净空高度/m	喷水强度/(L/min.m²)	作用面积/m²
轻危险级			4	
中危险级	I	≤8	6	160
	II		8	
严重危险级	I		12	260
	II		16	

3.2.4　布置设备及附件

（1）单击"系统"选项卡，在"卫浴和管道"面板中单击"管

视频：布置设备及附件

路附件"按钮🎮（快捷键：PA），打开"修改|放置 管道附件"选项卡，单击"模式"面板中的"载入族"按钮📥，打开"载入族"对话框，执行"China"→"消防"→"给水和灭火"→"阀门"→"湿式报警阀-ZSFZ 型-100-200mm-法兰式.rfa"命令，如图 3-62所示，单击"打开"按钮，载入文件。

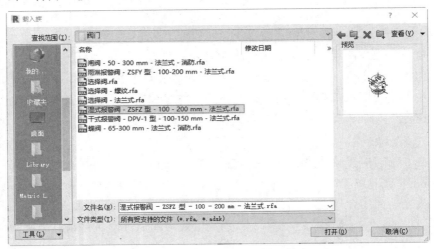

图 3-62　载入湿式报警阀文件

（2）在属性选项板中选择"湿式报警阀-ZSFZ 型-100-200mm-法兰式 150mm"，移动鼠标指针到立管上，当湿式报警阀与管道平行并高亮显示管道主线时（见图 3-63），单击将湿式报警阀放置在立管上，如图 3-63 所示。

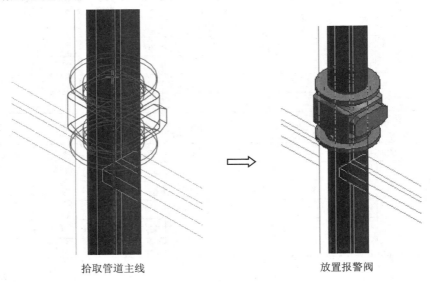

拾取管道主线　　　　　　　　　放置报警阀

图 3-63　放置湿式报警阀

（3）选取上一步放置的湿式报警阀，在属性选项板中更改"标高中的高程"为"1200.0"，单击"旋转"图标🔄，可以调整方向，如图 3-64 所示。

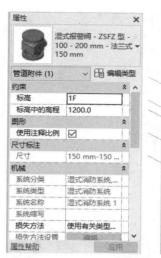
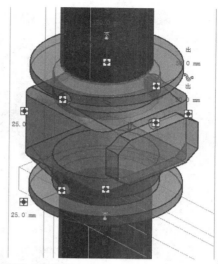

图 3-64　调整湿式报警阀方向

> 📢 提示：
>
> 　　报警阀组安装的位置应符合设计要求，当无设计要求时，报警阀组应安装在便于操作的明显位置，距室内地面高度宜为 1.2m，两侧与墙的距离不应小于 0.5m；正面与墙的距离不应小于 1.2m，报警阀组凸出部位之间的距离不应小于 0.5m。

　　（4）单击"系统"选项卡，在"卫浴和管道"面板中单击"管路附件"按钮 🔧（快捷键：PA），打开"修改|放置 管道附件"选项卡，单击"模式"面板中的"载入族"按钮 📥，打开"载入族"对话框，执行"China"→"消防"→"给水和灭火"→"阀门"→"蝶阀-65-300mm-法兰式-消防.rfa"命令，如图 3-65 所示，单击"打开"按钮，载入文件。

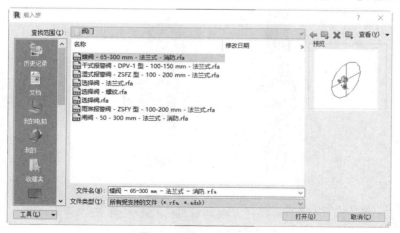

图 3-65　载入蝶阀文件

　　（5）在属性选项板中选择"蝶阀-65-300mm-法兰式-消防 150mm"，移动鼠标指针到立管上，当蝶阀与管道平行并高亮显示管道主线时，单击将蝶阀放置在湿式报警阀的下方，如图 3-66 所示。

（6）选取上一步放置的蝶阀，单击"旋转"图标，调整方向使其与湿式报警阀方向一致，如图 3-67 所示。

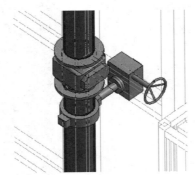

图 3-66　放置蝶阀

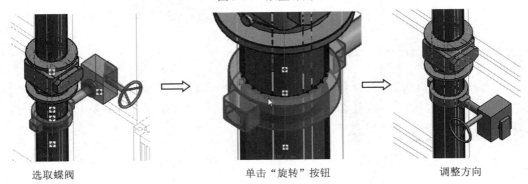

选取蝶阀　　　　　　　　单击"旋转"按钮　　　　　　调整方向

图 3-67　调整蝶阀方向

（7）采用相同的方法，在另一根立管上布置报警阀组和蝶阀，如图 3-68 所示。

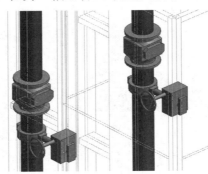

图 3-68　布置报警阀组和蝶阀

（8）单击"系统"选项卡，在"卫浴和管道"面板中单击"管路附件"按钮（快捷键：PA），打开"修改|放置 管道附件"选项卡，单击"模式"面板中的"载入族"按钮，打开"载入族"对话框，执行"China"→"消防"→"给水和灭火"→"附件"→"水流指示器-100-150mm-法兰式.rfa"族文件，如图 3-69 所示，单击"打开"按钮，载入文件。

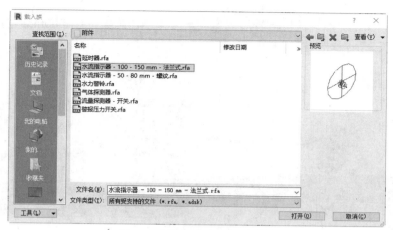

图 3-69　载入水流指示器文件

（9）在属性选项板中选择"水流指示器-100-150mm-法兰式 150mm"，将水流指示器放置在水平配水管上，如图 3-70 所示。

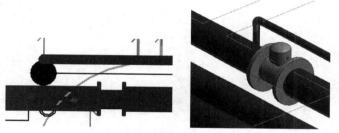

图 3-70　放置水流指示器

（10）单击"系统"选项卡，在"卫浴和管道"面板中单击"管路附件"按钮 <kbd>冊</kbd>（快捷键：PA），打开"修改|放置 管道附件"选项卡，单击"模式"面板中的"载入族"按钮 <kbd>↓</kbd>，打开"载入族"对话框，选择源文件中的"喷淋系统-信号阀.rfa"族文件，如图 3-71 所示，单击"打开"按钮，载入文件。

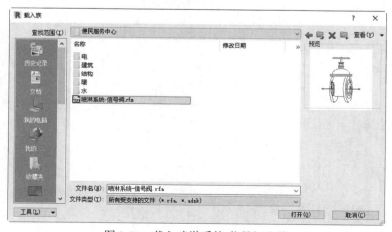

图 3-71　载入喷淋系统-信号阀文件

（11）根据 CAD 图纸，将信号阀放置在水流指示器前方大于 300mm 的配水管上，如图 3-72 所示。

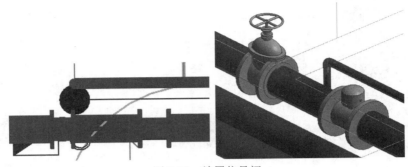

图 3-72　放置信号阀

📣提示：

根据《自动喷水灭火系统施工及验收规范》，水流指示器和信号阀的安装应符合下列要求。

（1）水流指示器的安装应在管道试压和冲洗合格后进行，水流指示器的规格、型号应符合设计要求。

（2）水流指示器应使电器元件部位竖直安装在水平管上方，其动作方向和水流方向应一致，安装后的水流指示器浆片、膜片应动作灵活，不应与管壁发生碰擦。

（3）信号阀应安装在水流指示器前方的配水管上，与水流指示器之间的距离不应小于 300mm。

（4）压力开关、信号阀、水流指示器的引出线应使用防止套管锁定。

（12）单击"系统"选项卡，在"机械"面板中单击"机械设备"按钮▧（快捷键：ME），打开"修改|放置 机械设备"选项卡，单击"模式"面板中的"载入族"按钮▨，打开"载入族"对话框，执行"China"→"消防"→"给水和灭火"→"附件"→"水力警铃.rfa"命令，单击"打开"按钮，载入文件。

（13）在属性选项板中设置"标高中的高程"为"1800.0"，根据 CAD 图纸，选取墙体放置水力警铃，如图 3-73 所示。

图 3-73　放置水力警铃

（14）为了方便绘制管道，先将建筑模型隐藏。选取报警阀，单击 20.0mm 出水口上的"创建管道"图标 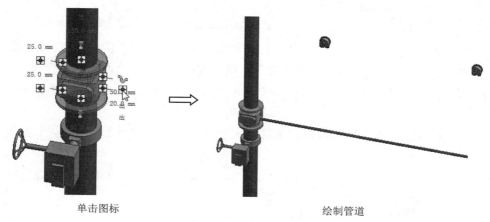，绘制报警阀出水口上的水平管，如图 3-74 所示。此时选项栏显示"中间高程"为"1023.0mm"。

单击图标　　　　　　　　　　　　　　　　　　　绘制管道

图 3-74　绘制报警阀出水口上的水平管

（15）选取水力警铃，单击 20.0mm 进水口上的"创建管道"图标 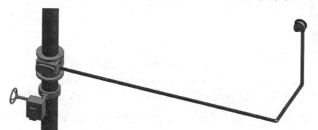，在选项栏中设置"中间高程"为"1023.0mm"（报警阀出水口的高度），单击"应用"按钮 应用 ，绘制立管，继续绘制水平管与报警阀出水口上的水平管相连，如图 3-75 所示。

图 3-75　绘制水力警铃与报警阀的连接管道

（16）采用相同的方法，绘制另一个报警阀与水力警铃的连接管道，如图 3-76 所示。

图 3-76　绘制另一个报警阀与水力警铃的连接管道

注意：

根据《自动喷水灭火系统》规范，水力警铃的安装应符合下列规定

（1）水力警铃应设在有人值班的地点附近。

（2）与报警阀的连接管道，管径为 20mm，总长不宜大于 20m。

（17）单击"系统"选项卡，在"卫浴和管道"面板中单击"管路附件"按钮 <img> （快捷键：PA），打开"修改|放置 管道附件"选项卡，单击"模式"面板中的"载入族"按钮 <img>，打开"载入族"对话框，选择源文件中的"末端试水装置.rfa"族文件，单击"打开"按钮，载入文件。

（18）将末端试水装置放置在试水管路上，拖动管道的控制点调整位置和长度，如图 3-77 所示。

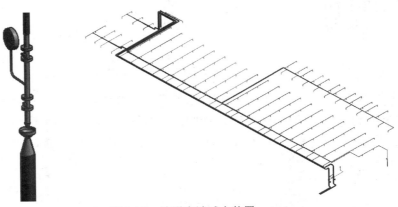

图 3-77　放置末端试水装置

提示： 末端试水装置设置要求如下。

（1）每个报警阀组控制的最不利点喷头处应设置末端试水装置，其他防火分区和楼层应设置直径为 25mm 的试水阀。

（2）末端试水装置和试水阀应设在便于操作的部位，并且应设置有足够排水能力的排水设施。

（3）末端试水装置应由试水阀、压力表及试水接头组成。末端试水装置出水口的流量系数 K，应与系统同楼层或同防火分区选用的喷头相等。末端试水装置的出水应采取孔口出流的方式排入排水管道。

3.3　上 机 操 作

1. 目的要求

根据如图 3-78 所示的 CAD 图纸，创建如图 3-79 所示的自动喷水灭火系统。

2．操作提示

（1）导入 CAD 图纸。

（2）布置管道。

（3）布置设备及附件。

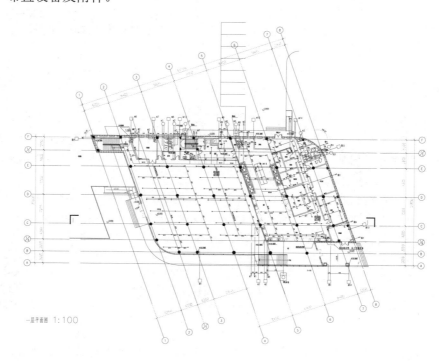

图 3-78　自动喷水灭火系统的 CAD 图纸

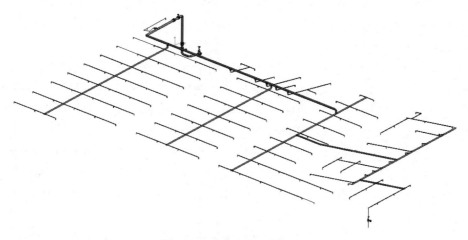

图 3-79　自动喷水灭火系统

第 4 章

消火栓给水系统

 知识导引

本工程中消火栓给水系统消防用水由 3:2 比例式减压阀减压后供给，阀后压力 0.7MPa。地下水泵房设 410m³ 混凝土消防水池一座，屋顶水箱间设置消防水箱一只，贮存 18m³ 消防水量，同处设置消防、喷淋增压稳压设备各一套，满足喷淋系统及消火栓给水系统最不利点压力要求。

建筑物内每层设置单栓自救式消防卷盘组合型消火栓箱，内配 φ65 室内消火栓，φ65/25m 衬胶水龙带及 φ19 水枪各一副，JPS0.8-19 型自救式消防卷盘一套，启泵按钮一只。部分楼层设置减压孔板，为栓后固定接口内安装，栓口用水压力不大于 0.50MPa。

‖ 4.1   绘图前准备 ‖

视频：绘图前准备

（1）执行"文件"→"打开"→"项目"命令，打开"打开"对话框，选择第 3 章创建的自动喷水灭火系统文件，单击"打开"按钮，打开该文件。

（2）在 1F 平面视图中，选取一层喷淋平面图，打开"修改|一层喷淋平面图"选项卡，在"视图"面板的"隐藏" 🟡▾ 下拉列表中单击"隐藏图元"按钮 🔦，隐藏一层喷淋平面图图纸。

（3）单击"插入"选项卡，在"导入"面板中单击"链接 CAD"按钮 📄，打开"链接 CAD 格式"对话框，选择"一层消火栓平面图"选项，设置"定位"为"自动-中心到中心"，"放置于"为"1F"，勾选"定向到视图"复选框，"导入单位"为"毫米"，其他采用默认设置，单击"打开"按钮，导入 CAD 图纸。

（4）单击"修改"选项卡，在"修改"面板中单击"对齐"按钮 🔲（快捷键：AL），在建筑模型中单击①轴线，然后单击链接 CAD 图纸中的①轴线，将①轴线对齐；接着在建筑模型中单击 A 轴线，然后单击链接 CAD 图纸中的 A 轴线，将 A 轴线对齐，此时，链接 CAD 图纸与建筑模型重合，如图 4-1 所示。

（5）单击"修改"选项卡，在"修改"面板中单击"锁定"按钮 🔲（快捷键：PN），选择 CAD 图纸，将其锁定，以免在布置管道和设备的过程中移动图纸，产生混淆。

（6）单击"视图"选项卡，在"图形"面板中单击"可见性/图形"按钮 🔳（快捷

键：VG），打开"楼层平面：1F 的可见性/图形替换"对话框，在"导入的类别"选项卡
中展开一层消火栓平面图的图层，取消勾选"jps-"前缀的复选框，如图 4-2 所示，单击
"确定"按钮，整理后的一层消火栓平面图图形如图 4-3 所示。

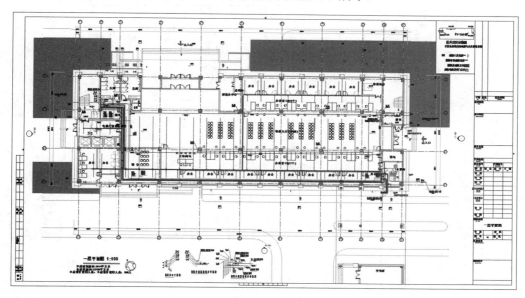

图 4-1　对齐一层消火栓平面图图纸

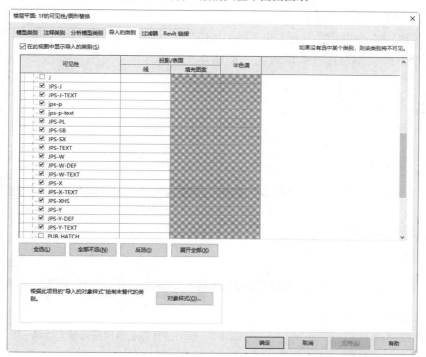

图 4-2　"楼层平面：1F 的可见性/图形替换"对话框

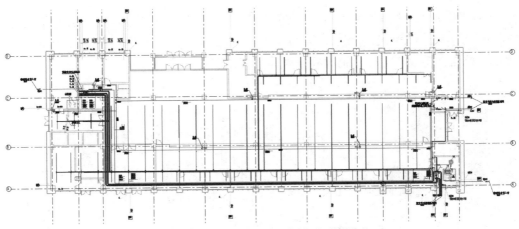

图 4-3　整理后的一层消火栓平面图图形

‖ 4.2　绘　制　管　道 ‖

视频：绘制管道

（1）单击"系统"选项卡，在"卫浴和管道"面板中单击"管道"
按钮 （快捷键：PI），在属性选项板中设置"系统类型"为"其他消防系统"，其他采
用默认设置，如图 4-4 所示。

（2）在选项栏中设置"直径"为"150.0mm"，"中间高程"为"200.0mm"，根据 CAD
图纸绘制接室外喷淋增压环管的管道，如图 4-5 所示。

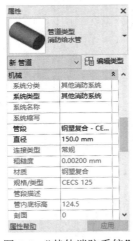

图 4-4　"其他消防系统"
属性选项板

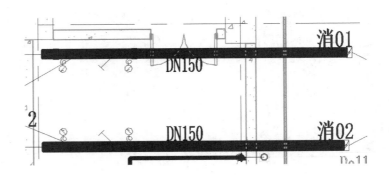

图 4-5　绘制接室外喷淋增压环管的管道

（3）在选项栏中设置"直径"为"150.0mm"，"中间高程"为"3600.0mm"，捕捉
上一步绘制的管道起点，根据 CAD 图纸绘制直径为 150mm 的竖管，如图 4-6 所示。

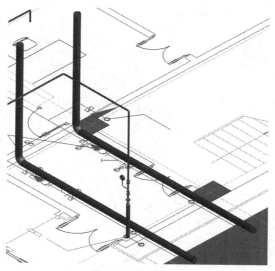

图 4-6　绘制竖管

（4）在选项栏中设置"直径"为"150.0mm"，"中间高程"为"3600.0mm"，捕捉上一步绘制的管道起点，根据 CAD 图纸绘制环管，如图 4-7 所示。

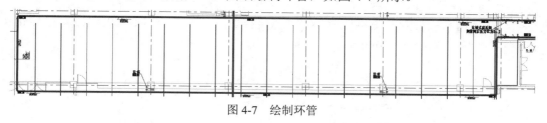

图 4-7　绘制环管

（5）将视图切换至三维视图。消火栓给水系统的管网要形成一个环状管网，放大视图如图 4-8 所示，选取水平弯头，单击"T 形三通"图标 ✚，将弯头转为 T 形三通，如图 4-9 所示。

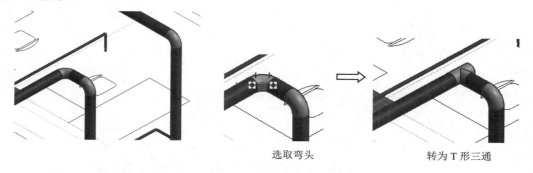

选取弯头　　　　　　　　　　转为 T 形三通

图 4-8　放大视图　　　　　　　图 4-9　弯头转为 T 形三通

（6）单击"系统"选项卡，在"卫浴和管道"面板中单击"管道"按钮 <img>（快捷键：PI），捕捉上一步创建的 T 形三通起点，水平绘制管道直至另一根水平管的中心线，系统自动在连接处生成 T 形三通，如图 4-10 所示。

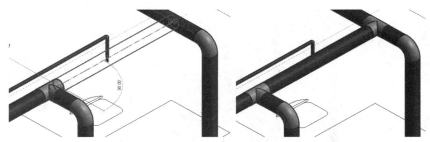

图 4-10　在连接处生成 T 形三通

4.3　布置消火栓箱

视频：布置消火栓箱

（1）单击"系统"选项卡，在"模型"面板的"构件"下拉列表中单击"放置构件"按钮（快捷键：CM），打开"载入族"对话框，执行"China"→"消防"→"建筑"→"消防柜"→"单栓室内消火栓箱.rfa"命令，如图 4-11 所示，单击"打开"按钮。

（2）此时系统打开如图 4-12 所示的"指定类型"对话框，选取"800×650×240mm-明装"和"800×650×240mm-暗装"两种类型，单击"确定"按钮。

图 4-11　载入单栓室内消火栓箱文件

图 4-12　"指定类型"对话框

（3）在属性选项板中设置"标高中的高程"为"1100.0"，在选项卡中单击"放置在垂直面上"按钮，根据 CAD 图纸，在结构柱旁边放置明装的消火栓箱，如图 4-13 所示。

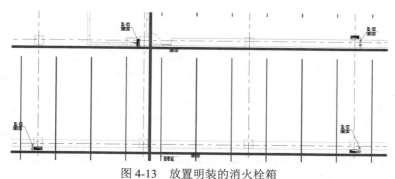

图 4-13　放置明装的消火栓箱

（4）从图 4-13 中可以看出，左上角的 03 号消火栓箱放置的位置不正确。单击"系统"选项卡，在"工作平面"面板中单击"参照平面"按钮（快捷键：RP），在视图中 03 号消火栓箱处绘制水平参照平面，如图 4-14 所示。

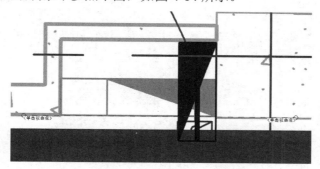

图 4-14　绘制水平参照平面

（5）选取 03 号消火栓箱，单击"修改|机械设备"选项卡，在"放置"面板中单击"拾取新的"按钮，将消火栓箱放置在参照平面上，如图 4-15 所示。

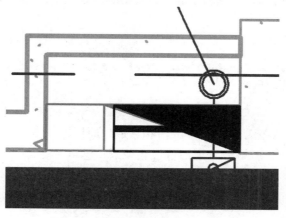

图 4-15　调整消火栓箱放置的位置

（6）单击"系统"选项卡，在"模型"面板的"构件"下拉列表中单击"放置构件"按钮 （快捷键：CM），在属性选项板中选择"800×650×240mm-暗装"，设置"标高中的高程"为"1100.0"，在选项卡中单击"放置在垂直面上"按钮，根据 CAD 图纸，在墙体中放置暗装的消火栓箱，如图 4-16 所示。

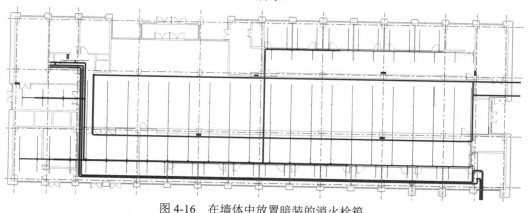

图 4-16　在墙体中放置暗装的消火栓箱

> **提示：消火栓箱的安装应符合下列规定。**
>
> （1）栓口出水方向宜向下或与设置消火栓的墙面呈 90°，栓口不应安装在门轴侧。
>
> （2）如无设计要求，则栓口中心距地面应为 0.7～1.1m，每栋建筑物应一致，允许偏差+20mm。
>
> （3）消火栓的启闭阀门设置位置应便于操作使用，阀门的中心距消火栓箱侧面应为 140mm，距消火栓箱后内表面应为 100mm，允许偏差±5mm。
>
> （4）室内消火栓箱的安装应平正、牢固，暗装的消火栓箱不应破坏隔墙的耐火性能。
>
> （5）箱体安装的垂直度允许偏差±3mm。
>
> （6）消火栓箱门的开启不应小于 120°。
>
> （7）安装消火栓水龙带，水龙带与消防水枪和快速接头绑扎好后，应根据箱内构造放置水龙带。

‖ 4.4　布　置　附　件 ‖

视频：布置附件

（1）单击"系统"选项卡，在"卫浴和管道"面板中单击"管路附件"按钮（快捷键：PA），打开"修改|放置 管道附件"选项卡，单击"模式"面板中的"载入族"按钮，打开"载入族"对话框，执行"China"→"MEP"→"卫浴附件"→"过滤器"→"Y 型过滤器-50-500mm-法兰式.rfa"命令，如图 4-17 所示，单击"打开"按钮，载入文件。

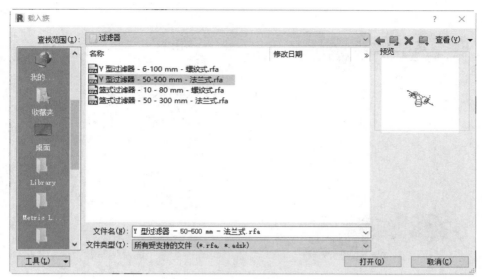

图 4-17　载入 Y 型过滤器文件

（2）在属性选项板中选择"Y 型过滤器-50-500mm-法兰式 150mm"，移动鼠标指针到水平管上，当过滤器与管道平行并高亮显示管道主线时，单击将过滤器放置在水平管上。单击"翻转管件"图标⇆，调整过滤器方向，如图 4-18 所示。

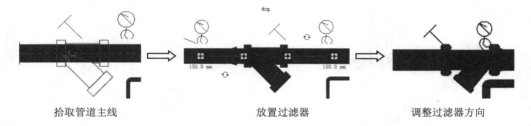

拾取管道主线　　　　　　　　　　放置过滤器　　　　　　　　　调整过滤器方向

图 4-18　放置过滤器

（3）单击"系统"选项卡，在"卫浴和管道"面板中单击"管路附件"按钮⛲（快捷键：PA），在打开的选项卡中单击"模式"面板中的"载入族"按钮⬇，打开"载入族"对话框，选择"比例式减压阀.rfa"选项，单击"打开"按钮，载入文件。减压阀放置在水平管上，如图 4-19 所示。

（4）单击"系统"选项卡，在"卫浴和管道"面板中单击"管路附件"按钮⛲（快捷键：PA），在打开的选项卡中单击"模式"面板中的"载入族"按钮⬇，打开"载入族"对话框，选择"压力表.rfa"选项，单击"打开"按钮，载入文件。

（5）在属性选项板中单击"编辑类型"按钮🔲，打开"类型属性"对话框，新建"压力表-150"类型，更改"公称半径"为"75.0mm"，"公称直径"为"150.0mm"，其他采用默认设置，如图 4-20 所示。

图 4-19　放置减压阀

图 4-20　设置压力表

（6）单击"确定"按钮，将压力表放置在过滤器和减压阀两端的水平管上，如图 4-21 所示。

（7）分别选取压力表、比例阀和过滤器，单击"旋转"图标，调整各管道附件的位置，如图 4-22 所示。

图 4-21　放置压力表

图 4-22　调整各管道附件的位置

（8）单击"系统"选项卡，在"卫浴和管道"面板中单击"管路附件"按钮（快捷键：PA），在属性选项板中选择"蝶阀-65-300 mm -法兰式-消防 150mm"，将其放置在压力表的两侧，单击"旋转"图标，调整位置，如图 4-23 所示。

图 4-23　放置蝶阀

（9）选取减压阀和过滤器之间的管道，按 Delete 键将其删除。

（10）单击"系统"选项卡，在"卫浴和管道"面板中单击"软管"按钮 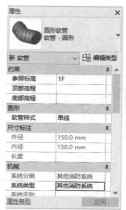（快捷键：FP），打开如图 4-24 所示的"修改|放置 软管"选项卡和选项栏，在选项栏中设置"直径"为"150.0mm"，"中间高程"为"200.0mm"。

（11）在属性选项板中选择"圆形软管 软管-圆形"，设置"软管样式"为"单线"，"系统类型"为"其他消防系统"，如图 4-25 所示。

图 4-24　"修改|放置 软管"选项卡和选项栏

图 4-25　"圆形软管"
属性选项板

（12）系统提供了 8 种软管样式，包括单线，圆形，椭圆形，软管，软管 2，曲线，单线 45 和未定义，如图 4-26 所示。通过选取不同的样式，可以改变软管在平面视图中的显示。

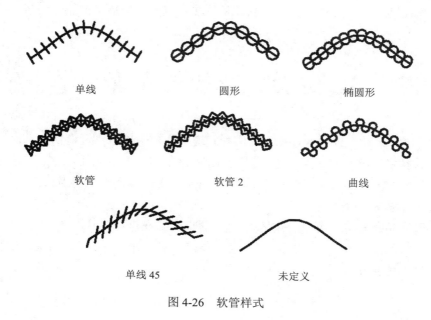

单线　　　　　　　　圆形　　　　　　　　椭圆形

软管　　　　　　　　软管 2　　　　　　　曲线

单线 45　　　　　　　　　　未定义

图 4-26　软管样式

（13）分别捕捉减压阀和过滤器端点绘制软管，如图 4-27 所示。

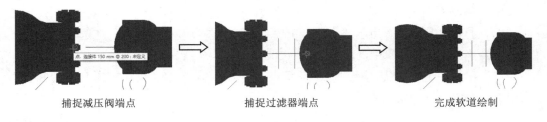

捕捉减压阀端点　　　　　　　捕捉过滤器端点　　　　　　　完成软道绘制

图 4-27　绘制软管

📢 提示：

　　选取软管，软管上显示控制柄，如图 4-28 所示，使用顶点、修改切点和连接件控制柄调整软管的布线。

连接件　　　　　　　　　　顶点　　　　　　　　修改切点

图 4-28　控制柄

- 顶点：沿着软管的走向分布，可以用它修改软管弯曲位置的点。
- 修改切点：出现在软管的起点和终点处，可以用它调整第一个和最后一个弯曲位置的切点。
- 连接件：出现在软管的两端点，可以用它重新定位软管的端点，也可以通过它将软管连接到另一个建筑构件，或者断开软管与另一个建筑构件的连接。

‖ 4.5　绘制连接消火栓的支管 ‖

视频：绘制连接
消火栓的支管

（1）单击"系统"选项卡，在"卫浴和管道"面板中单击"管道"按钮 🛋（快捷键：PI），捕捉消火栓箱上方 150mm 的水平管的轴线，然后在选项栏中设置"直径"为"100.0mm"，"中间高程"为"600.0mm"，单击"应用"按钮，继续绘制水平管，如图 4-29 所示。

（2）选取消火栓箱，单击"创建管道"图标 ⬆，在选项栏中设置"中间高程"为"600.0mm"，单击"应用"按钮，绘制立管，继续绘制水平管与直径为 100mm 的水平管相交，如图 4-30 所示。

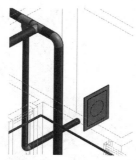
图 4-29　绘制直径为 100mm 的水平管

图 4-30　绘制直径为 60mm 的水平管

（3）选取消火栓箱，打开如图 4-31 所示的"修改|机械设备"选项卡，单击"连接到"按钮，选取环管，系统自动生成连接消火栓的管道及连接件，如图 4-32 所示。

图 4-31　"修改|机械设备"选项卡

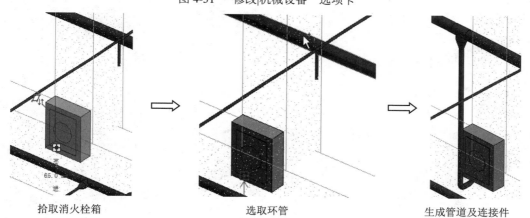

拾取消火栓箱　　　　　　　　选取环管　　　　　　　　生成管道及连接件

图 4-32　创建管道

（4）选取上一步创建的竖管，在选项栏中更改"直径"为"100.0mm"，选取水平管，在选项栏中更改"中间高程"为"600.0mm"，结果如图 4-33 所示。

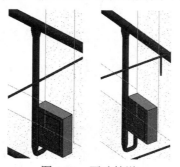
图 4-33　更改管道

（5）采用相同的方法，根据 CAD 图纸，绘制与消火栓箱相连的支管，如图 4-34 所示。

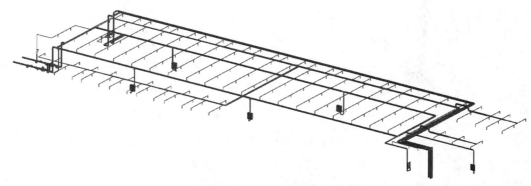

图 4-34　绘制与消火栓箱相连的支管

（6）单击"系统"选项卡，在"卫浴和管道"面板中单击"管路附件"按钮 （快捷键：PA），在属性选项板中选择"蝶阀-65-300 mm -法兰式-消防 65mm"，将其放置在消火栓箱的支管上，单击"旋转"图标 ，调整其位置，如图 4-35 所示。

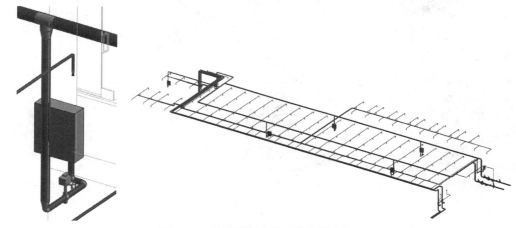

图 4-35　放置蝶阀在消火栓箱的支管上

读者可以根据源文件中的 CAD 图纸绘制其他楼层的消火栓给水系统，这里不再一一介绍绘制过程。

4.6　上　机　操　作

1．目的要求

根据如图 4-36 所示的 CAD 图纸，创建消火栓给水系统。

2．操作提示

（1）导入 CAD 图纸。

（2）绘制管道。

（3）布置消火栓箱及附件。

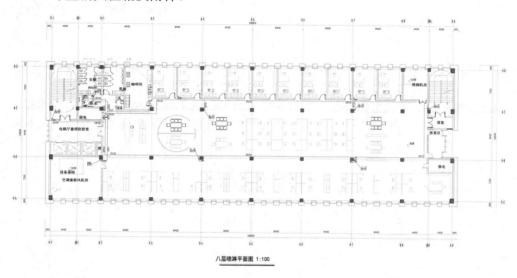

八层喷淋平面图 1:100

图 4-36　消火栓给水系统的 CAD 图纸

第 5 章

送风系统

知识导引

本工程每层办事大厅采用全空气低速送风系统。气流组织上送下侧回，送风口采用散流器，过度季节全新风运行。各办公室采用风机盘管加新风系统，每层设新风机组。

‖ 5.1 绘图前准备 ‖

在进行系统创建之前，先导入 CAD 图纸，然后进行风管属性配置。

5.1.1 导入 CAD 图纸

视频：导入 CAD 图纸

（1）执行"模型"→"打开"命令，打开"打开"对话框，选取链接好建筑模型的"通风空调系统.rvt"文件，单击"打开"按钮，打开文件。

（2）在项目浏览器中双击"楼层平面"下的"1F"，将视图切换到 1F 楼层平面视图。

（3）单击"插入"选项卡，在"导入"面板中单击"链接 CAD"按钮，打开"链接 CAD 格式"对话框，选择"一层空调通风布置图"选项，设置"定位"为"自动-中心到中心"，"放置于"为"1F"，勾选"定向到视图"复选框，设置"导入单位"为"毫米"，其他采用默认设置，单击"打开"按钮，导入 CAD 图纸。

（4）单击"修改"选项卡，在"修改"面板中单击"对齐"按钮（快捷键：AL），在建筑模型中单击①轴线，然后单击链接 CAD 图纸中的①轴线，将①轴线对齐；接着在建筑模型中单击 A 轴线，然后单击链接 CAD 图纸中的 A 轴线，将 A 轴线对齐，此时，链接 CAD 图纸与建筑模型重合。

（5）单击"修改"选项卡，在"修改"面板中单击"锁定"按钮（快捷键：PN），选择 CAD 图纸，将其锁定，以免在布置风管和设备的过程中移动图纸，产生混淆。

（6）选取图纸，打开"修改|一层空调通风平面图"选项卡，单击"查询"按钮，在图纸中选取要查询的图形，打开"导入实例查询"对话框，单击"在视图中隐藏"按钮，将选取的图层隐藏，采用相同的方法，隐藏其他图层，整理后的一层空调通风平面

图图形如图 5-1 所示。

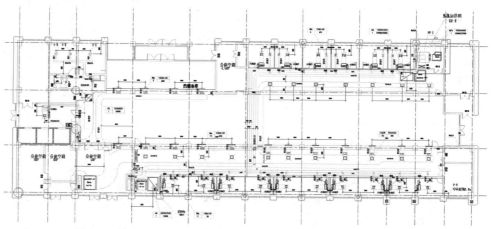

图 5-1 整理后的一层空调通风平面图图形

5.1.2 风管属性配置

（1）单击"系统"选项卡，在"HVAC"面板中单击"风管"按钮（快捷键：DT），在属性选项板中单击"编辑类型"按钮，打开如图 5-2 所示的"类型属性"对话框，单击布管系统配置栏中的"编辑"按钮 编辑...，打开如图 5-3 所示的"布管系统配置"对话框。

视频：风管属性配置

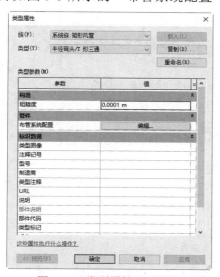

图 5-2 "类型属性"对话框

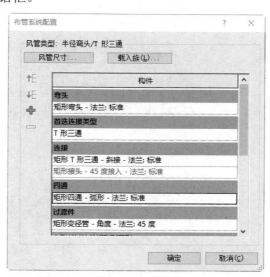

图 5-3 "布管系统配置"对话框

"布管系统配置"对话框中的选项说明如下。

- 弯头：设置风管改变方向时所用弯头的默认类型，在其下拉列表中选择弯头类型，如图 5-4 所示。

109

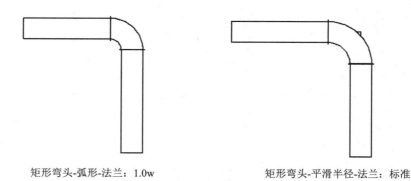

矩形弯头-弧形-法兰：1.0w   矩形弯头-平滑半径-法兰：标准

图 5-4　弯头类型

- 首选连接类型：设置风管支管连接的默认类型。
- 连接：设置风管接头的类型。
- 四通：设置风管四通的默认类型。
- 过渡件：设置风管变径的默认类型。
- 多形状过渡件：设置不同轮廓风管间（圆形、矩形和椭圆形）的默认连接方式。
- 活接头：设置风管活接头的默认连接方式。
- 管帽：设置风管堵头的默认类型。

（2）单击"载入族"按钮，打开"载入族"对话框，执行"China"→"MEP"→"风管管件"→"矩形"→"四通"→"矩形四通-平滑半径-法兰.rfa"命令，如图 5-5 所示，单击"打开"按钮，载入文件。

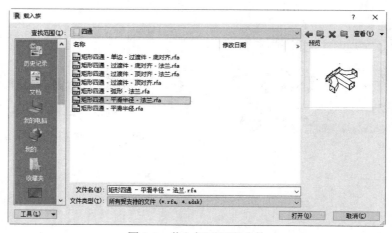

图 5-5　载入矩形四通文件

（3）单击"风管尺寸"按钮，打开图 5-6 所示的"机械设置"对话框，单击"新建尺寸"按钮，打开"风管尺寸"对话框，输入"尺寸"为"100.00"，如图 5-7 所示，单击"确定"按钮，将尺寸 100 添加到列表，采用相同的方法，添加尺寸 150、450 和 1400，如图 5-8 所示，单击"确定"按钮。

图 5-6　"机械设置"对话框

图 5-7　"风管尺寸"对话框

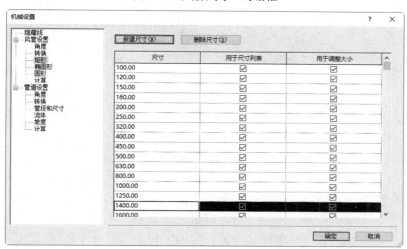

图 5-8　添加尺寸

（4）在"布管系统配置"对话框中设置"弯头"为"矩形弯头-弧形-法兰：1.0W"，"四通"为"矩形四通-平滑半径-法兰：标准"，"过渡件"为"矩形变径管-角度-法兰：30 度"，其他采用默认设置，如图 5-9 所示，单击"确定"按钮。

（5）单击"视图"选项卡，在"图形"面板中单击"可见性/图形"按钮（快捷键：VG），打开"楼层平面：1F 的可见性/图形替换"对话框，选择"过滤器"选项卡。

（6）单击"添加"按钮，打开"添加过滤器"对话框，单击"编辑/新建"按钮，打开"过滤器"对话框，单击"新建"按钮，打开"过滤器名称"

对话框，输入"名称"为"送风系统"，如图 5-10 所示，单击"确定"按钮。

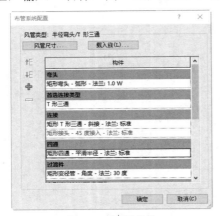

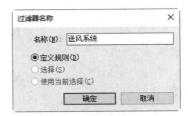

图 5-9　设置参数　　　　　　　图 5-10　输入"名称"为"送风系统"

（7）返回"过滤器"对话框，在"过滤器"列表框中勾选跟风管有关的复选框，在"过滤器规则"选区中设置过滤条件为"系统名称""包含""送风"，如图 5-11 所示，单击"确定"按钮，在"楼层平面：1F 的可见性/图形替换"对话框中添加了送风系统。

图 5-11　设置过滤条件为"系统名称""包含""送风"

（8）单击"投影/表面"列表下"图案填充"中的"替换"按钮 ▢替换...▢，打开"填充样式图形"对话框，在第一个"填充图案"下拉列表中选择"实体填充"选项，单击第一个"颜色"选项，打开"颜色"对话框，选择蓝色，单击"确定"按钮，返回"填充样式图形"对话框，其他采用默认设置，如图 5-12 所示。

图 5-12　选择蓝色

（9）单击"确定"按钮，返回"楼层平面：1F 的可见性/图形替换"对话框，采用相同的方法，添加排风系统、排烟系统和空调系统，如图 5-13 所示。

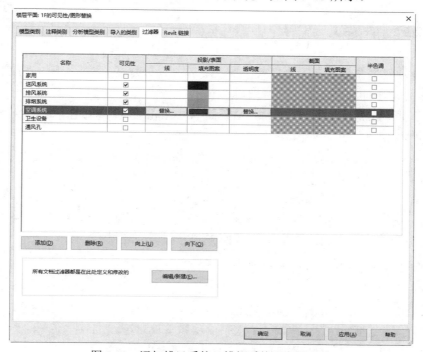

图 5-13　添加排风系统、排烟系统和空调系统

（10）采用相同的方法，在"三维视图：3D 的可见性/图形替换"对话框的"过滤器"选项卡中添加送风系统、排风系统、排烟系统和空调系统。

（11）在项目浏览器的"族"→"风管系统"→"风管系统"下，选择"排风"，右击，在弹出的快捷菜单中选择"复制"选项，如图 5-14 所示，复制排风系统，然后将其重命名为"防排烟"，采用相同的方法，创建空调系统，如图 5-15 所示。

图 5-14　选择"复制"选项

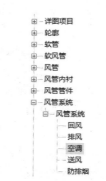

图 5-15　创建空调系统

5.2 创建送风系统

5.2.1 绘制风管

视频：绘制风管

（1）在项目浏览器中双击"机械"→"HVAC"→"楼层平面"下的"1F"，将视图切换到 1F 楼层平面视图。

（2）单击"系统"选项卡，在"HVAC"面板中单击"风管"按钮 （快捷键：DT），打开"修改|放置 风管"选项卡和选项栏，如图 5-16 所示。

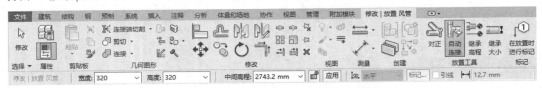

图 5-16 "修改|放置 风管"选项卡和选项栏

"修改|放置 风管"选项卡和选项栏中的部分选项说明如下。

图 5-17 "对正设置"对话框

- 对正 ：单击此按钮，打开如图 5-17 所示的"对正设置"对话框，设置水平对正、水平偏移和垂直对正。
  - ➢ 水平对正：以风管的"中心""左"或"右"为参照，将各风管部分边缘水平对齐，如图 5-18 所示。

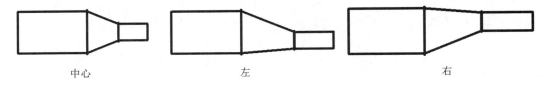

中心   左   右

图 5-18 水平对正

  - ➢ 水平偏移：用于指定在绘图区中的单击位置与风管绘制位置之间的偏移。
  - ➢ 垂直对正：以风管的"中""底"或"顶"为参照，将各风管部分边缘垂直对齐。
- 自动连接 ：在开始或结束风管管段时，可以自动连接构件上的捕捉。该选项对于连接不同高程的管段非常有用。但是，当沿着与另一条风管相同的路径以不同偏移量绘制风管时，取消"自动连接"，以避免生成意外连接。
- 继承高程 ：继承捕捉到的图元的高程。
- 继承大小 ：继承捕捉到的图元的大小。

- 宽度：指定矩形或椭圆形风管的宽度。
- 高度：指定矩形或椭圆形风管的高度。
- 中间高程：指定风管相对于当前标高的垂直高程。
- 锁定/解锁指定高程 🔒/🔓：锁定后，管段始终保持原高程，不能连接处于不同高程的管段。

（3）在属性选项板中选择"矩形风管 半径弯头/T 形三通"，输入"宽度"为"2000.0"，"高度"为"450.0"，"底部高程"为"3250.0"，"系统类型"为"送风"，如图 5-19 所示。

图 5-19　"矩形风管"属性选项板

（4）在视图中捕捉上下风管的中心，水平移动鼠标指针绘制水平风管，向上移动鼠标指针绘制竖直风管，系统自动在转弯处创建弯头，继续绘制水平风管，如图 5-20 所示。

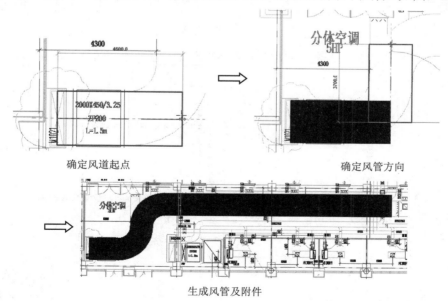

确定风道起点　　　　　　　　　　确定风管方向

生成风管及附件

图 5-20　绘制 2000×450 的水平风管

（5）在选项栏中设置"宽度"为"1400","高度"为"400",继续绘制水平风管；然后绘制 1000×400 的水平风管，如图 5-21 所示。

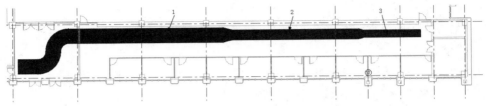

图 5-21　绘制 1000×400 的水平风管

（6）选取图 5-21 中的水平风管 1 和 2，打开"修改|风管"选项卡，单击"编辑"面板中的"对正"按钮 ，打开如图 5-22 所示的"对正编辑器"选项卡，单击"右下对正"按钮 ，然后单击"完成"按钮 。采用相同的方法，使水平风管 2 和水平风管 3 左上对正，结果如图 5-23 所示。

图 5-22　"对正编辑器"选项卡

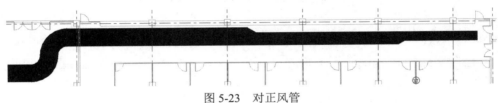

图 5-23　对正风管

（7）采用相同的方法，根据 CAD 图纸上的尺寸，继续绘制风管，如图 5-24 所示。

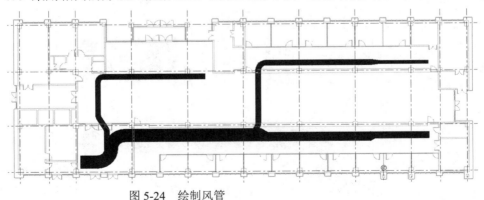

图 5-24　绘制风管

5.2.2　布置设备和附件

（1）单击"系统"选项卡，在"HVAC"面板中单击"风道末　　视频：布置设备和附件

端”按钮![](（快捷键：AT），打开“修改|放置 机械设备”选项卡，单击“模式”面板中的“载入族”按钮![]，打开“载入族”对话框，执行“China”→“MEP”→“风管附件”→“风口”→“散流器-方形.rfa”命令，如图 5-25 所示，单击“打开”按钮，载入文件。

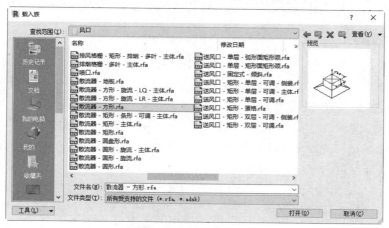

图 5-25　载入散流器文件

（2）在属性选项板中选择“散流器-方形 360×360”，设置“标高中的高程”为“3100.0”，将散流器放置在风道中心线上的适当位置，系统根据放置的散流器自动生成连接风管，如图 5-26 所示。

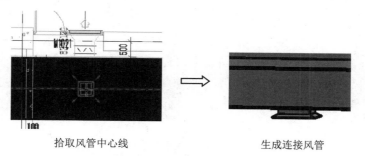

拾取风管中心线　　　　　　　　　　　　生成连接风管

图 5-26　放置散流器

（3）采用相同的方法，根据 CAD 图纸，在风管上放置散流器，其中支管上的散流器的高度为 3100，将视图切换至三维视图观察图形，结果如图 5-27 所示。

图 5-27　三维视图观察图形

（4）单击“系统”选项卡，在“HVAC”面板中单击“风管”按钮![]（快捷键：DT），在属性选项板中选择“矩形风管 半径弯头/T 形三通”，输入“宽度”为“630.0”，“高度”为“120.0”，“底部高程”为“3250.0”，“系统类型”为“送风”，绘制连接送风口的风管，如图 5-28 所示。

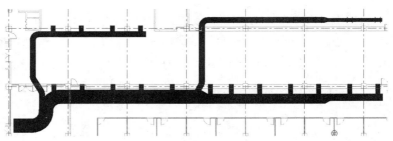

图 5-28　绘制连接送风口的风管

（5）单击"系统"选项卡，在"HVAC"面板中单击"风道末端"按钮回（快捷键：AT），打开"修改|放置 风道末端装置"选项卡，单击"模式"面板中的"载入族"按钮，打开"载入族"对话框，执行"China"→"MEP"→"风管附件"→"风口"→"送风口-矩形-单层-可调-侧装.rfa"命令，单击"打开"按钮，打开如图 5-29 所示的"指定类型"对话框，单击"确定"按钮，载入文件。

图 5-29　"指定类型"对话框

（6）在属性选项板中选择"送风口-矩形-单层-可调-侧装 1000×100"，单击"编辑类型"按钮，打开"类型属性"对话框，在"类型"下拉列表中选择"1000×120"选项，更改"风管宽度"为"1000.0"，"风管高度"为"120.0"，其他采用默认设置，如图 5-30 所示，单击"确定"按钮。

图 5-30　设置 1000×120 的送风口

（7）移动鼠标指针到送风管端点捕捉风管端点，单击将送风口安装在送风管上，风口会自动调整其高程，直到与风管匹配，系统自动生成过渡件，如图 5-31 所示。

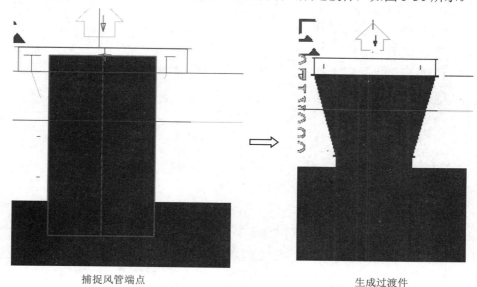

捕捉风管端点　　　　　　　　　　　　生成过渡件

图 5-31　放置送风口

（8）采用相同的方法，根据 CAD 图纸，在各送风管端点放置送风口，如图 5-32 所示。

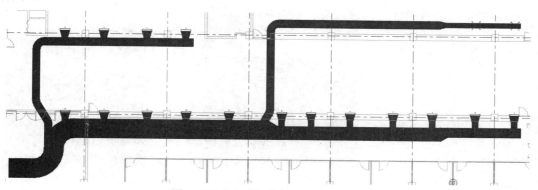

图 5-32　在各送风管端点放置送风口

（9）单击"系统"选项卡，在"HVAC"面板中单击"风管附件"按钮（快捷键：DA），打开"修改|放置 风管附件"选项卡，单击"模式"面板中的"载入族"按钮，打开"载入族"对话框，执行"China"→"消防"→"防排烟"→"风阀"→"防火阀-矩形-电动-70 摄氏度.rfa"命令，如图 5-33 所示，单击"打开"按钮，载入文件。

图 5-33　载入防火阀文件

（10）在属性选项板中设置"风管宽度"为"2000.0"，"风管高度"为"500.0"，如图 5-34 所示。根据 CAD 图纸，在风管上的适当位置单击，放置防火阀，防火阀会自动调整其高程，直到与风管匹配，如图 5-35 所示。

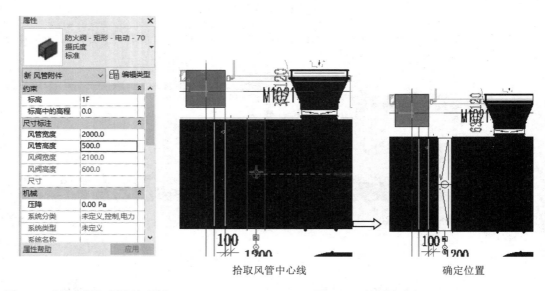

图 5-34　"防火阀"属性选项板　　　　　　图 5-35　放置防火阀

（11）单击"系统"选项卡，在"HVAC"面板中单击"风管附件"按钮 （快捷键：DA），打开"修改|放置 风管附件"选项卡，单击"模式"面板中的"载入族"按钮 ，打开"载入族"对话框，选择源文件中"消声器-ZP200 片式.rfa"族文件，单击"打开"按钮，载入文件。

（12）在属性选项板中单击"编辑类型"按钮 ，打开"类型属性"对话框，在"类型"下拉列表中选择"2000×450"选项，更改"A"为"2000.0"，"Ao"为"2420.0"，

"B" 为 "450.0"，"Bo" 为 "600.0"，其他采用默认设置，如图 5-36 所示，单击 "确定"
按钮。

（13）根据 CAD 图纸，捕捉风管的中心线，在适当位置单击，放置消声器，消声器
会自动调整其高程，直到与风管匹配，如图 5-37 所示。

图 5-36　设置消声器

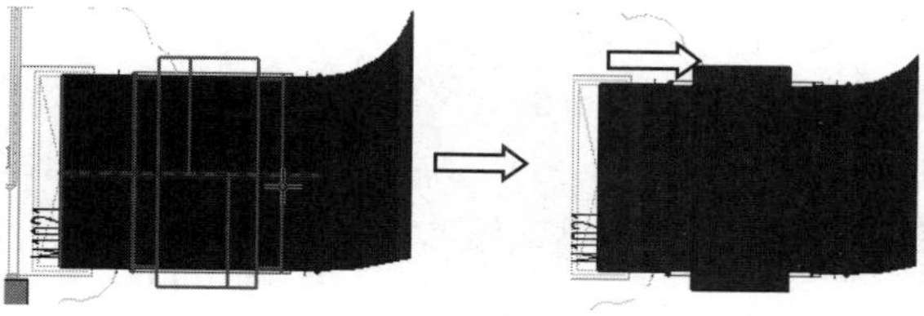

图 5-37　放置消声器

（14）为了放置对开多叶风阀，选取送风口处的矩形变径管，在属性选项板中选取 "45
度"，调整矩形变径管的角度，采用相同的方法，更改所有送风口处的矩形变径管，如
图 5-38 所示。

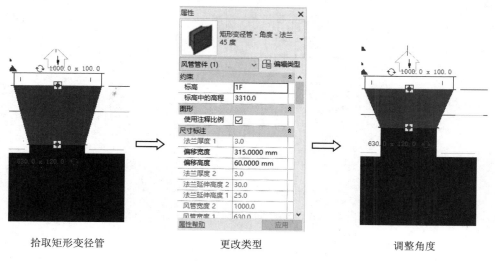

拾取矩形变径管　　　　　　　　更改类型　　　　　　　　调整角度

图 5-38　调整变径管的角度

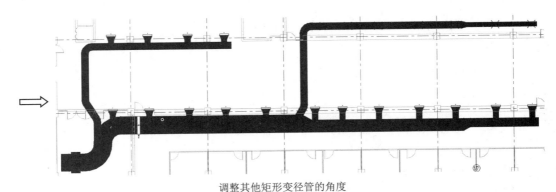

调整其他矩形变径管的角度

图 5-38　调整变径管的角度（续）

（15）单击"系统"选项卡，在"HVAC"面板中单击"风管附件"按钮（快捷键：DA），打开"修改|放置 风管附件"选项卡，单击"模式"面板中的"载入族"按钮，打开"载入族"对话框，执行"China"→"MEP"→"风管附件"→"风阀"→"对开多叶风阀-矩形-手动.rfa"命令，如图 5-39 所示，单击"打开"按钮，打开如图 5-40 所示的"指定类型"对话框，单击"确定"按钮，载入文件。

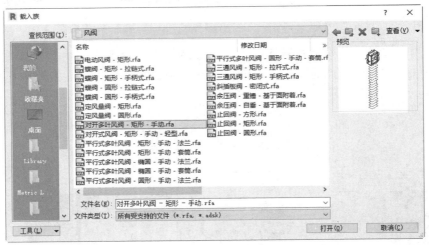

图 5-39　载入对开多叶风阀文件

类型	风管宽度	风管高度	风阀长度	叶片数量
	(全部)	(全部)	(全部)	(全部)
160x320	160	320	140	2
200x320	200	320	140	2
250x320	250	320	140	2
320x320	320	320	140	2
800x320	800	320	140	2
1000x320	1000	320	140	2

在右侧框中为左侧列出的每个族选择一个或多个类型

图 5-40　指定"对开多叶风阀"类型

（16）在属性选项板中选择"对开多叶风阀-矩形-手动 630×630"，单击"编辑类型"按钮 ，打开"类型属性"对话框，在"类型"下拉列表中选择"630×120"选项，更改"风管高度"为"120.0"，其他采用默认设置，如图 5-41 所示，单击"确定"按钮。

图 5-41　设置对开多叶风阀

（17）根据 CAD 图纸，捕捉送风口管上的中心线，在适当位置单击，放置对开多叶风阀，对开多叶风阀会自动调整其高程，直到与风管匹配，如图 5-42 所示。

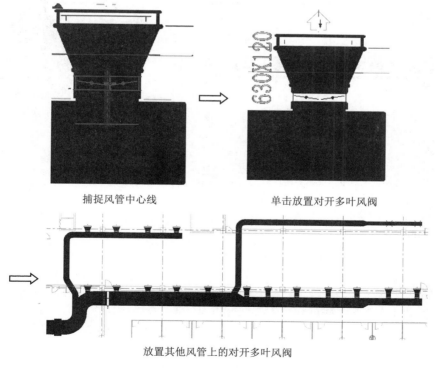

捕捉风管中心线　　　　　　　　　　单击放置对开多叶风阀

放置其他风管上的对开多叶风阀

图 5-42　放置对开多叶风阀

（18）采用相同的方法，根据 CAD 图纸，在风管上布置 800×400 和 1400×400 的对开多叶风阀，如图 5-43 所示。

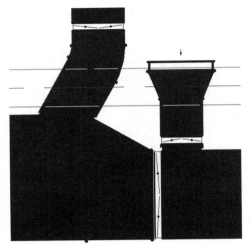

图 5-43　布置 800×400 和 1400×400 的对开多叶风阀

（19）采用相同的方法，根据 CAD 图纸，创建另一个送风系统，如图 5-44 所示。注意两个系统在相交处风管要进行避让，如图 5-45 所示。

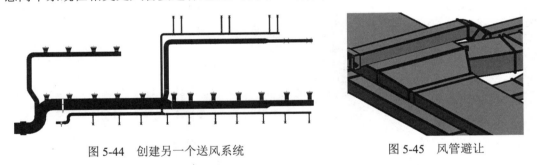

图 5-44　创建另一个送风系统　　　　　　　　图 5-45　风管避让

5.3　上机操作

1．目的要求

根据如图 5-46 所示的 CAD 图纸，创建如图 5-47 所示的送风系统。

2．操作提示

（1）导入 CAD 图纸并进行风管属性配置。

（2）绘制风管。

（3）布置设备及附件。

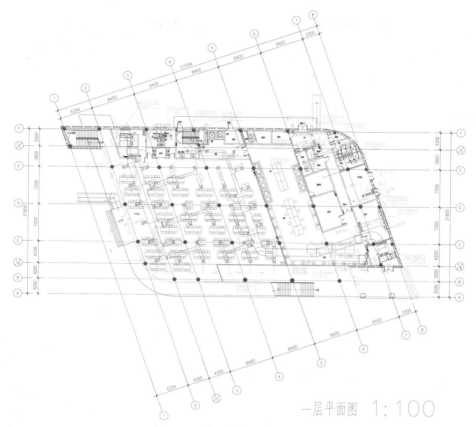

图 5-46　送风系统的 CAD 图纸

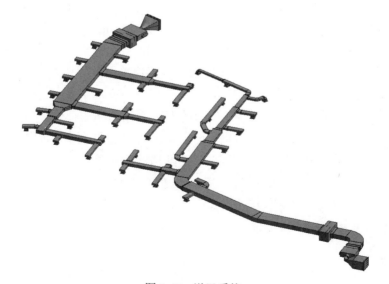

图 5-47　送风系统

第 6 章

空 调 系 统

知识导引

　　本工程的空调系统采用二管制，异程系统。为平衡阻力和调节温度，在空调箱回水管上设动态平衡电动调节阀；在风机盘管回水管上设开关式电动二通阀和静态平衡阀；空调水系统采用高位膨胀水箱定压，膨胀水箱布置在屋顶。

　　本章以一层空调系统为例，介绍空调系统的创建过程。

‖ 6.1　创建风机盘管 ‖

视频：创建风机盘管

　　（1）单击"系统"选项卡，在"卫浴和管道"面板中单击"管道"按钮 ⬓（快捷键：PI），在属性选项板中单击"编辑类型"按钮 ⬚⬚，打开"类型属性"对话框，在"类型"下拉列表中选择"空调冷热水管"选项，单击布管系统配置栏中的"编辑"按钮 编辑...，打开"布管系统配置"对话框，设置"管段"为"钢，碳钢-Schedule 40"，"最小尺寸"为"15.000mm"，"最大尺寸"为"300.000mm"，其他采用默认设置，如图 6-1 所示，单击"确定"按钮。

　　（2）在"类型"下拉列表中选择"空调冷凝水管"选项，打开"布管系统配置"对话框，设置"管道"为"PVC-U-GB/T5836"，单击"管段和尺寸"按钮，打开"机械设置"对话框的"管段和尺寸"选项卡，在"管段"下拉列表中选择"PVC-U-GB/T5836"选项，单击"新建尺寸"按钮，打开"添加管道尺寸"对话框，分别输入"公称直径""内径""外径"，如图 6-2 所示，单击"确定"按钮，新建"公称直径"为 50mm 的尺寸，如图 6-3 所示，其他采用默认设置。

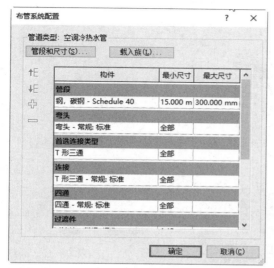

图 6-1 布管系统配置"空调冷热水管"

图 6-2 "添加管道尺寸"对话框

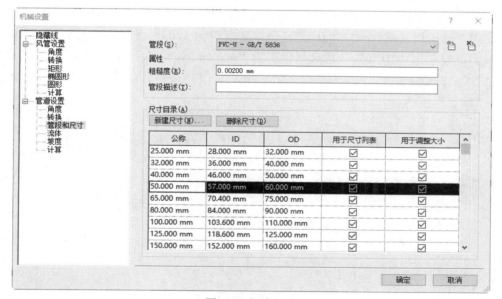

图 6-3 新建尺寸

（3）单击"系统"选项卡，在"机械"面板中单击"机械设备"按钮 （快捷键：ME），打开"修改|放置 机械设备"选项卡，单击"模式"面板中的"载入族"按钮，打开"载入族"对话框，执行"China"→"MEP"→"空气调节"→"风机盘管"→"风机盘管-卧式暗装-双管式-底部回风-右接.rfa"命令，如图 6-4 所示，单击"打开"按钮，载入文件。

图 6-4　载入风机盘管文件

（4）在属性选项板中选择"3500W"，设置"标高中的高程"为"3200.0"，单击"编辑类型"按钮⌗，打开"类型属性"对话框，在"类型"下拉列表中选择"3800W"选项，设置"送风口宽度"为"700.0"，"送风口高度"为"120.0"，"回风口宽度"为"700.0"，"回风口高度"为"300.0"，"送风风量"为"600.0000m³/h"，"噪声"为"42dB"，"热量"为"6.20000kW"，"冷量"为"3.80000kW"，其他采用默认设置，如图 6-5 所示，单击"确定"按钮。

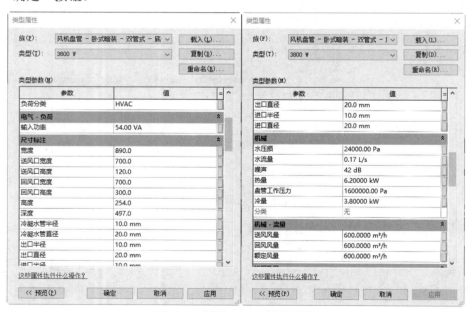

图 6-5　设置 3800W 风机盘管

（5）在选项栏中勾选"放置后旋转"复选框，根据 CAD 图纸，将风机盘管放置在如图 6-6 所示的位置。

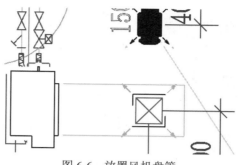

图 6-6　放置风机盘管

（6）选取上一步放置的风机盘管，单击"创建管道"图标 📇，打开"选择连接件"对话框，选择"连接件 1：循环回水：圆形：20mm@3414：出水口"选项，单击"确定"按钮；在属性选项板中选择"空调冷热水管"，根据 CAD 图纸绘制回水管，如图 6-7 所示。

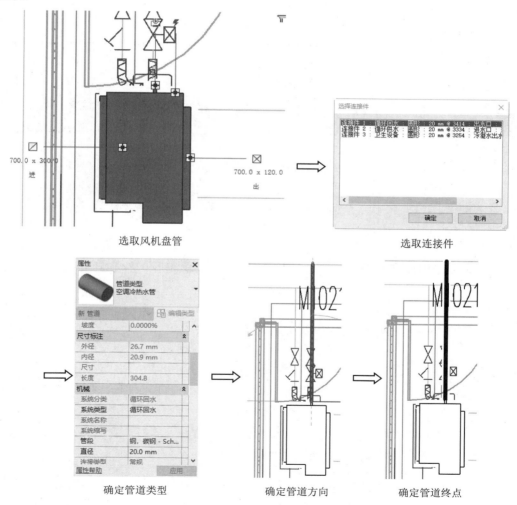

图 6-7　绘制回水管

（7）采用相同的方法，绘制循环供水和卫生设备管道（选择"空调冷凝水管"），如图 6-8 所示。

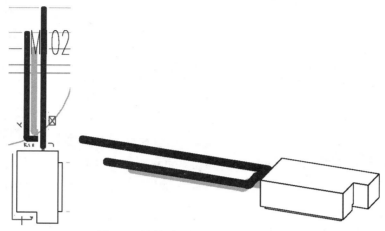

图 6-8　绘制循环供水和卫生设备管道

📢 提示：

　　如果绘制的卫生设备管道在 1F 视图中不可见，则需要在"楼层平面：1F 的可见性/图形替换"对话框中的"过滤器"选项卡中勾选"卫生设备"的"可见性"复选框，如图 6-9 所示。

图 6-9　"楼层平面：1F 的可见性/图形替换"对话框

（8）单击"系统"选项卡，在"机械"面板中单击"管路附件"按钮 🔧（快捷键：PA），在属性选项板中选择"截止阀-J21 型-螺纹 J21-25-20mm"，捕捉供水管的中心线，在适当位置单击，放置截止阀，截止阀会自动调整其高程，直到与管道匹配。单击"旋转"图标↻，调整截止阀的放置方向，如图 6-10 所示。

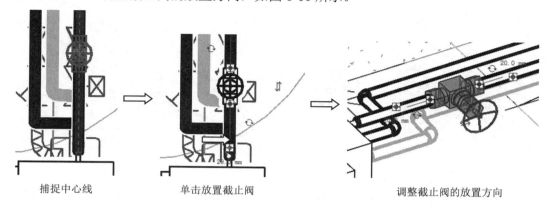

捕捉中心线　　　　　　　单击放置截止阀　　　　　　　　　调整截止阀的放置方向

图 6-10　放置截止阀

（9）采用相同的方法，根据 CAD 图纸，在回水管上放置截止阀，并调整其放置方向，如图 6-11 所示。

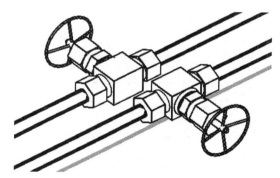

图 6-11　在回水管上放置截止阀

（10）单击"系统"选项卡，在"卫浴和管道"面板中单击"管路附件"按钮🏗（快捷键：PA），在"修改|放置 管道附件"选项卡的"模式"面板中单击"载入族"按钮📥，打开"载入族"对话框，执行"China"→"MEP"→"阀门"→"控制阀"→"电磁阀-活塞式-螺纹.rfa"命令，单击"打开"按钮，载入文件。

（11）在属性选项板中选择"电磁阀-活塞式-螺纹 20mm"，将其放置在循环供水回路上，单击"旋转"图标↻，调整电磁阀的放置方向，如图 6-12 所示。

（12）单击"系统"选项卡，在"卫浴和管道"面板中单击"管路附件"按钮🏗（快捷键：PA），打开"修改|放置 管道附件"选项卡，单击"模式"面板中的"载入族"按钮📥，打开"载入族"对话框，执行"China"→"MEP"→"卫浴附件"→"过滤器"→"Y 型过滤器-6-100mm-螺纹式.rfa"命令，单击"打开"按钮，载入文件。

（13）在属性选项板中选择"Y 型过滤器-6-100mm-螺纹式 20mm"，将其放置在循环供水回路上，单击"旋转"图标↻，调整 Y 型过滤器的放置方向，如图 6-13 所示。

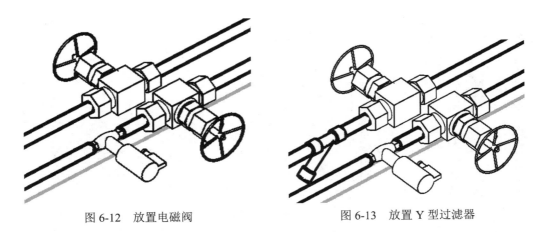

图 6-12 放置电磁阀   图 6-13 放置 Y 型过滤器

（14）选取风机盘管，单击右侧的"创建风管"图标⊠，根据 CAD 图纸，绘制 700×120 的水平风管，如图 6-14 所示。选取风管，在属性选项板中设置"系统类型"为"空调"。

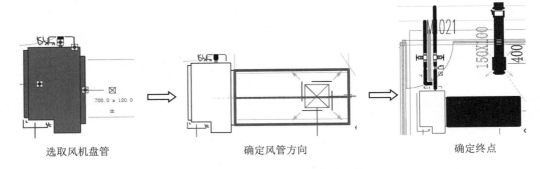

选取风机盘管   确定风管方向   确定终点

图 6-14 绘制 700×120 的水平风管

（15）单击"系统"选项卡，在"HVAC"面板中单击"风道末端"按钮回（快捷键：AT），在属性选项板中选择"散流器-方形 300×300"，输入"标高中的高程"为"3100.0"，如图 6-15 所示。捕捉上一步绘制的风管中线放置散流器，自动生成连接风管与散流器的风管，如图 6-16 所示。

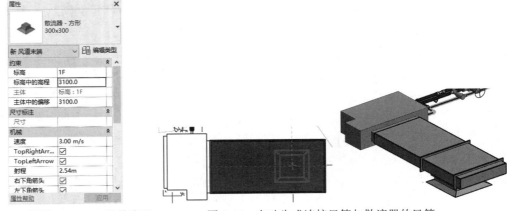

图 6-15 设置 300×300 的散流器   图 6-16 自动生成连接风管与散流器的风管

6.2 布置其他风机盘管

（1）单击"修改"选项卡，在"创建"面板中单击"创建组"按钮 视频：布置其他
（快捷键：GP），打开"创建组"对话框，输入"名称"为"风机盘 风机盘管
管组"，如图 6-17 所示，单击"确定"按钮，打开如图 6-18 所示的"编辑组"面板，单
击"添加"按钮，选取 6.1 节创建的风机盘管、管道及附件，单击"完成"按钮，
完成风机盘管组的创建。

图 6-17 "创建组"对话框

图 6-18 "编辑组"面板

（2）选取上一步创建的风机盘管组，单击"修改|建筑模型组"选项卡，在"修改"
面板上单击"镜像-拾取轴"按钮（快捷键：MM），拾取轴线 4 进行镜像，如图 6-19
所示。

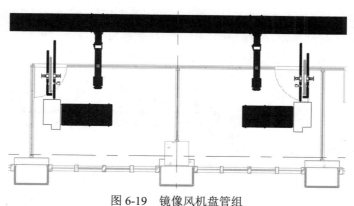

图 6-19 镜像风机盘管组

（3）利用"镜像-拾取轴"和"复制"功能，布置其他风机盘管组，如图 6-20 所示。

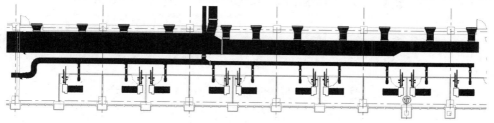

图 6-20 布置其他风机盘管组

（4）重复上述步骤，采用相同的方法，创建风机盘管组 2，如图 6-21 所示。

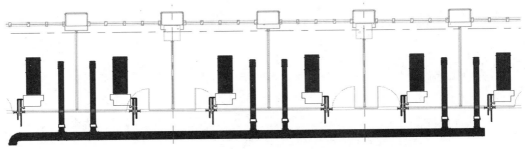

图 6-21　创建风机盘管组 2

6.3　绘　制　管　道

视频：绘制管道

（1）按住 Ctrl 键，选取视图中所有的风机盘组，单击"修改|建筑模型组"选项卡，在"成组"面板中单击"解组"按钮 （快捷键：UG），将风机盘组解组。

（2）单击"系统"选项卡，在"卫浴和管道"面板中单击"管道"按钮（快捷键：PI），在属性选项板中选择"空调冷热水管"，设置"系统类型"为"循环回水"，在选项栏中设置"直径"为"65.0mm"，"中间高程"为"3414.0mm"（此值为图 6-22 中显示的循环回水的高程值），根据 CAD 图纸，绘制循环回水管（其他管径大小参照 CAD 图纸上的标注），系统自动在管道连接处生成 T 形三通和弯头，如图 6-22 所示。

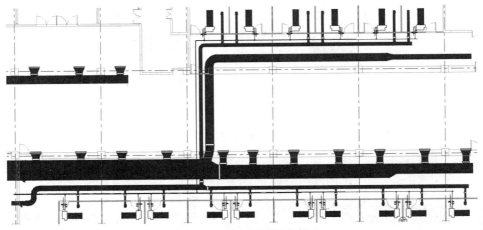

图 6-22　绘制循环回水管

（3）单击"系统"选项卡，在"卫浴和管道"面板中单击"管道"按钮（快捷键：PI），在属性选项板中选择"空调冷热水管"，设置"系统类型"为"循环供水"，在选项栏中设置"直径"为"65.0mm"，"中间高程"为"3334.0mm"（此值为图 6-23 中显示的循环供水的高程值），根据 CAD 图纸，绘制循环供水管（其他管径大小参照 CAD 图纸上的标注），如图 6-23 所示。

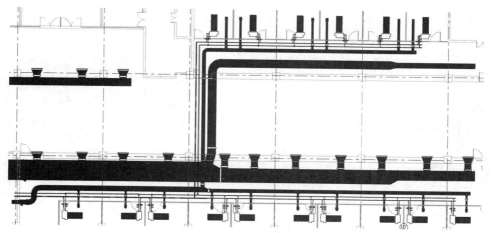

图 6-23　绘制循环供水管

（4）单击"系统"选项卡，在"卫浴和管道"面板中单击"管路附件"按钮 （快捷键:PA），在属性选项板中选择"闸阀-Z41 型-明杆楔式单闸板-法兰式 Z41T-10-65mm"，根据 CAD 图纸，捕捉循环回水管和循环供水管的中心线放置闸阀，如图 6-24 所示。

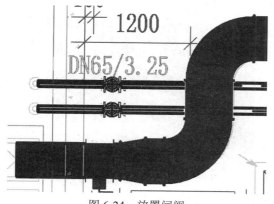

图 6-24　放置闸阀

（5）单击"系统"选项卡，在"卫浴和管道"面板中单击"管道"按钮（快捷键:PI），在属性选项板中选择"空调冷凝水管"，设置"系统类型"为"卫生设备"，在选项栏中设置"直径"为"32.0mm"，"中间高程"为"3254.0mm"（此值为图 6-24 中显示的卫生设备的高程值），单击"修改|放置 管道"选项卡，在"带坡度管道"面板中单击"向下坡度"按钮 ，设置"坡度值"为"1.0000%"，如图 6-25 所示。

图 6-25　设置"坡度值"

（6）根据 CAD 图纸，捕捉风机盘管上冷凝水管的端点，向右绘制水平的冷凝水管

（其他管径大小参照 CAD 图纸上的标注），然后在选项栏中输入"中间高程"为"0mm"，单击"应用"按钮 [应用]，创建竖向管道接地沟，如图 6-26 所示。

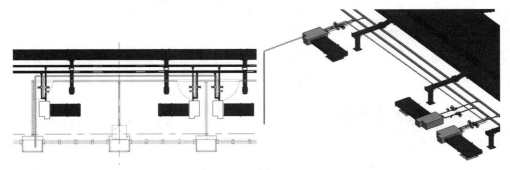

图 6-26　绘制冷凝水管

（7）由图 6-26 可以看出，上一步绘制的冷凝水管与左侧从风机盘管出来的冷凝水管没有相交，单击"系统"选项卡，在"卫浴和管道"面板中单击"管件"按钮 [🔧]（快捷键：PF），在属性选项板中选择"T 形三通-常规 标准"，将 T 形三通放置在上一步绘制的冷凝水管上，如图 6-27 所示。

图 6-27　放置 T 形三通

（8）选取从风机盘管出来的冷凝水管，单击"修改|管道"选项卡，在"偏移连接"面板中单击"更改坡度"按钮 [🔧]，然后拖动冷凝水管的端点到 T 形三通端点，使其与 T 形三通相连，如图 6-28 所示。采用相同的方法，调整另一根冷凝水管的连接。

（9）重复上述步骤，根据 CAD 图纸，绘制空调冷凝水管，如图 6-29 所示。

选取管道　　　　　　　　　　拖动管道端点　　　　　　　　　　与三通相连

图 6-28　调整冷凝水管的连接

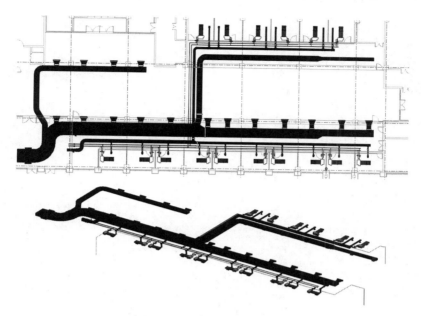

图 6-29 绘制空调冷凝水管

（10）重复上述步骤，根据 CAD 图纸，在消防电梯前室布置空调系统（注意这里采用的风机盘管型号和前面的不一样，根据 CAD 图纸上提供的数据参数，新建类型），如图 6-30 所示。

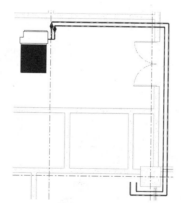

图 6-30 在消防电梯前室布置空调系统

6.4 上机操作

1. 目的要求

根据图 6-31 所示的 CAD 图纸，创建如图 6-32 所示的新风系统。

2．操作提示

（1）导入 CAD 图纸并进行风管属性配置。

（2）绘制风管。

（3）布置设备及附件。

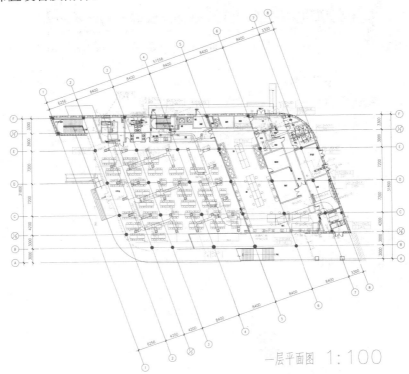

图 6-31　CAD 图纸

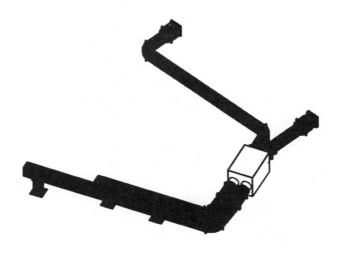

图 6-32　新风系统

第7章

排风和防排烟系统

知识导引

本工程各层卫生间设机械排风，竖向排至屋顶，屋顶设接力风机，在各层排烟机房设防排烟系统。本工程办事大厅分为两个防烟分区，西侧设排烟竖井排烟，兼作空调季节整幢大楼的排风，以维持大楼风量平衡；东侧每层设一个排烟机房排烟，兼作过渡季节每层全新风的排风，其他各房间自然排烟。可开启外窗面积不小于该场所建筑面积的2%。

本章以一层排风系统和防排烟系统为例，介绍排风和防排烟系统的创建过程。

‖ 7.1 创建排风系统 ‖

本节将通过两种方法创建卫生间的排风系统。

7.1.1 方法一

视频：方法一

（1）单击"系统"选项卡，在"HVAC"面板中单击"风管"按钮 （快捷键：DT），在属性选项板中选择"矩形风管 半径弯头/T形三通"，设置"系统类型"为"排风"，输入"底部高程"为"3500.0"，"宽度"为"320.0"，"高度"为"250.0"，根据CAD图纸，绘制如图7-1所示的排风管道。

（2）在选项栏中设置"宽度"为"250.0"，"高度"为"250.0"，捕捉竖向排风管的轴线，绘制水平排风管，系统自动生成弯管，如图7-2所示。

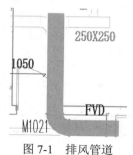

图 7-1　排风管道

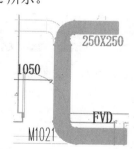

图 7-2　系统自动生成弯管

（3）选取上一步生成的弯管，单击弯管左侧的"T 形三通"图标✚，将弯管转为 T 形三通，如图 7-3 所示。

（4）单击"系统"选项卡，在"HVAC"面板中单击"风管"按钮▣（快捷键：DT），捕捉 T 形三通的右端点，绘制水平排风管，如图 7-4 所示。

（5）单击"系统"选项卡，在"HVAC"面板中单击"风管"按钮▣（快捷键：DT），在属性选项板中选择"圆形风管 T 形三通"，输入"直径"为"150.0"，根据 CAD 图纸，捕捉水平矩形风管，然后绘制直径为 100 的圆形风管，如图 7-5 所示。

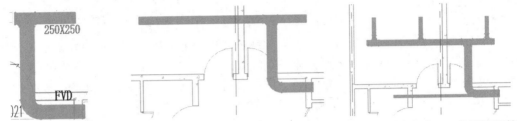

图 7-3　弯管转为 T 形三通　　图 7-4　绘制水平排风管　　图 7-5　绘制直径为 100 的圆形风管

（6）单击"系统"选项卡，在"HVAC"面板中单击"风道末端"按钮▣（快捷键：AT），打开"修改|放置 风道末端装置"选项卡，单击"模式"面板中的"载入族"按钮▣，打开"载入族"对话框，载入源文件中的"天花扇.rfa"族文件。

（7）在属性选项板中单击"编辑类型"按钮▣，打开"类型属性"对话框，在"类型"下拉列表中选择"DN150"选项，更改"风管直径"为"150.0"，其他采用默认设置，如图 7-6 所示，单击"确定"按钮。

（8）在属性选项板中设置"标高中的高程"为"3100.0"，将天花扇放置在风道支管上的端点处，如图 7-7 所示。

图 7-6　设置天花扇

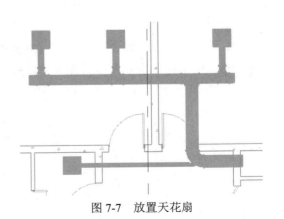

图 7-7　放置天花扇

（9）单击"系统"选项卡，在"HVAC"面板中单击"风管附件"按钮 （快捷键：DA），在属性选项板中选择"防火阀-矩形-电动-70 摄氏度 标准"，根据 CAD 图纸，将防火阀放置在风管上的适当位置，如图 7-8 所示。

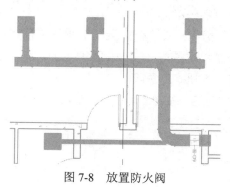

图 7-8　放置防火阀

7.1.2　方法二

视频：方法二

（1）单击"系统"选项卡，在"HVAC"面板中单击"风道末端"按钮 （快捷键：AT），打开"修改|放置 风道末端装置"选项卡，单击"模式"面板中的"载入族"按钮 ，打开"载入族"对话框，载入源文件中的"天花扇.rfa"族文件。

（2）在属性选项板中单击"编辑类型"按钮 ，打开"类型属性"对话框，在"类型"下拉列表中选择"DN150"选项，更改"风管直径"为"150.0"，其他采用默认设置，单击"确定"按钮。

（3）在属性选项板中设置"标高中的高程"为"3100.0"，根据 CAD 图纸，布置天花扇，如图 7-9 所示。

（4）选择如图 7-9 所示的任意一个天花扇，在"修改|风道末端"选项卡的"创建系统"面板中单击"风管"按钮 ，打开如图 7-10 所示的"创建风管系统"对话框，采用默认名称，单击"确定"按钮。

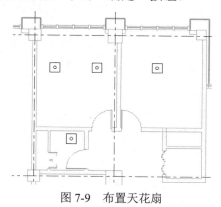

图 7-9　布置天花扇

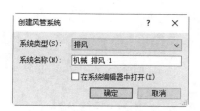

图 7-10　"创建风管系统"对话框

"创建风管系统"对话框中的选项说明如下。

- 系统类型：在视图中选择的风道末端的类型将决定可以将其指定给哪个类型的系统。对于风管系统，默认的系统类型包括"送风""回风""排风"。如果选择了排风风道末端，则"系统类型"将自动设置为"排风"。
- 系统名称：系统唯一标识。系统会提供一个系统名称建议，也可以输入一个名称。

（5）选取上一步创建的"机械 排风 1"风管系统，打开如图 7-11 所示的"风管系统"选项卡。单击"编辑系统"按钮，打开如图 7-12 所示的"编辑风管系统"选项卡。

图 7-11 "风管系统"选项卡

"风管系统"选项卡中的选项说明如下。

- 编辑系统：单击此按钮，打开"编辑风管系统"选项卡，可以对系统进行编辑。
- 选择设备：为系统选择设备。
- 断开与设备的连接：断开指定给管道、卫浴、消防或风管系统设备的连接。
- 分割系统：可从包含多个物理网络的风管或管道系统中创建单个系统。

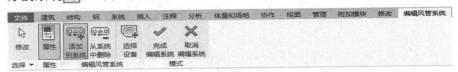

图 7-12 "编辑风管系统"选项卡

"编辑风管系统"选项卡中的选项说明如下。

- 添加到系统：只能选择与选定系统兼容的构件。例如，不能将排风散流器添加到送风系统，也不能将马桶添加到闭合的环状加热系统。
- 从系统中删除：在视图中选择要从系统中删除的构件。在从现有系统中删除构件之前，必须先删除将构件连接到现有系统的所有管网。

（6）单击"添加到系统"按钮，在视图中选取其余三个天花扇，单击"完成编辑系统"按钮，完成机械排风系统的创建。

（7）选取上一步创建的机械排风系统，单击"修改|风道末端"选项卡，在"布局"面板中单击"生成布局"按钮或"生成占位符"按钮，打开如图 7-13 所示的"生成布局"选项卡和选项栏。

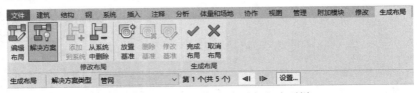

图 7-13 "生成布局"选项卡和选项栏

"生成布局"选项卡中的选项说明如下。

- 编辑布局 ：通过重新定位各布局线或合并各布局线修改布局。首先选择要合并的布局线，然后拖曳其弯头/端点控制，直到该控制捕捉到相邻的布局线。修改后的布局线将自动被删除，并添加其他布局线，以表示对与修改后的布局线相关联的构件的物理连接。所有与修改后的布局线相关联的构件都保持其初始位置不变。通过合并布局线，可以重新定义布局。
- 添加到系统 ：可以添加之前从布局中删除的构件。该构件不再显示灰色，布局和解决方案也随之更新。
- 从系统中删除 ：在视图中选择要删除的构件，将其删除，此时构件显示灰色，布局和解决方案也随之更新。
- 放置基准 ：将基准控制放置在布局中开发管道连接所在的位置，放置基准后，布局和解决方案随之更新。可以将基准控制与构件放置在同一标高上，也可以放置在不同标高上，基准控制类似于临时基准构件，建议在放置基准控制后再对其进行修改，也可以使用基准控制在一个或多个标高上创建更小的子部件布局。
- 删除基准 ：可以从当前生成布局任务中删除基准控制。
- 修改基准 ：允许旋转和重新定位基准控制，包括围绕连接方向旋转 、垂直于连接方向旋转 和移动基准 。
  - 围绕连接方向旋转 ：围绕基准控制连接方向轴（连接方向由三维视图中的箭头表示）旋转基准控制。
  - 垂直于连接方向旋转 ：围绕基准控制连接方向轴（连接方向由三维视图中的箭头表示）旋转基准控制并与其垂直。
  - 移动基准 ：重新定位基准控制。

注意：

只有相邻的布局线才能合并。但是，无法修改连接到系统构件的布局线，因为必须通过布局线将构件连接到布局。

- 完成布局 ：根据规格将布局转换为刚性管网。
- 取消布局 ：放弃布局设置，保留系统不变。

默认生成如图 7-14 所示的布局。

提示：

布局路径以单线显示，其中绿色布局线代表支管，蓝色布局线代表干管。

（8）单击"解决方案"按钮 ，在选项栏上选择"解决方案类型"和建议的解决方案，如图 7-15 所示。每个布局解决方案均包含一个干管（蓝色）和一个支管（绿色）。

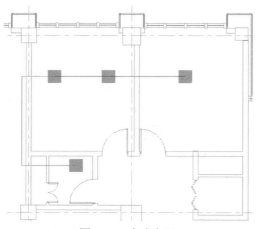

图 7-14　生成布局

图 7-15　选择"解决方案类型"和建议的解决方案

"解决方案类型"包括"管网""周长""交点"和"自定义"。

- 管网：该解决方案围绕为风管系统选择的构件创建一个边界框，然后基于沿着边界框中心线的干管分段提出解决方案，其中支管与干管分段呈 90°，如图 7-16 所示。

- 周长：该解决方案围绕为系统选定的构件创建一个边界框，并提出 5 个可能的布线解决方案，如图 7-17 所示。选项栏中的输入嵌入值用于确定边界框和构件之间的偏移。

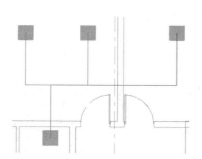

图 7-16　管网解决方案

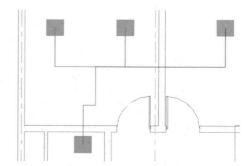

图 7-17　周长解决方案

- 交点：该解决方案是基于从系统构件的各个连接件延伸出的一对虚拟线作为可能布局线创建的，如图 7-18 所示。该解决方案的可能接合处是从构件延伸出的多条线的相交处。

- 自定义：根据用户需要调整布局线，如图 7-19 所示。

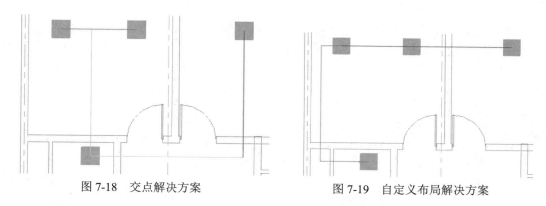

图 7-18　交点解决方案　　　　　　　图 7-19　自定义布局解决方案

（9）选择"管网"解决方案，单击"上一个解决方案"按钮 ◀┃ 或"下一个解决方案"按钮 ┃▶ ，循环显示所建议的布线解决方案，选取如图 7-20 所示的布局。

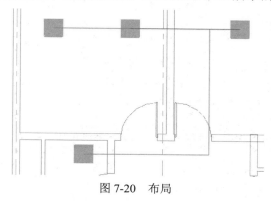

图 7-20　布局

（10）单击"设置"按钮 设置… ，打开如图 7-21 所示的"风管转换设置"对话框，在对话框中指定干管的"风管类型"为"矩形风管：半径弯头/T 形三通"，"偏移"为"3500.0"，指定支管的"风管类型"为"圆形风管：T 形三通"，"偏移"为"3500.0"，其他采用默认设置。

图 7-21　"风管转换设置"对话框

（11）单击"编辑布局"按钮 ┰┙ ，选择要重新定位或合并的布局线，如图 7-22 所示。单击 ✛ 图标并拖动，使布局线移动到合适位置（参考 CAD 图纸），如图 7-23 所示。

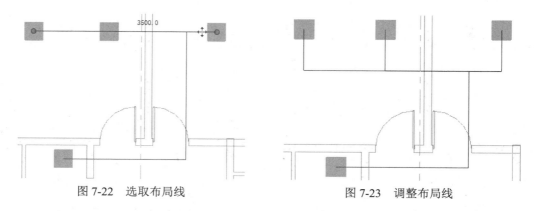

图 7-22　选取布局线　　　　　　　　　　图 7-23　调整布局线

使用下列控制。

- ✛平移控制：将整条布局线沿着与该布局线垂直的轴移动。如果需要维持系统的连接，将自动添加其他线。
- 连接控制：┳表示"T 形三通"，╋表示"四通"。通过连接控制，可以在干管和支管分段之间将 T 形三通或四通连接左右或上下移动。
- ⬥弯头/端点控制：可以使用该控制移动两条布局线之间的交点或布局线的端点。

📢注意：
一次操作最多只能将一条布局线移到 T 形三通或四通管件处。

（12）单击"完成布局"按钮✔️，根据规格将布局转换为刚性管网，如图 7-24 所示。

（13）选取干管、弯头和 T 形三通，在选项栏中更改"高度""宽度"为"250.0"，其中最下端的弯头宽度为 320，如图 7-25 所示。

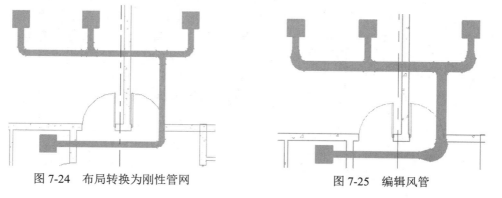

图 7-24　布局转换为刚性管网　　　　　　图 7-25　编辑风管

（14）选取弯头，单击"T 形三通"图标，将弯头更改为 T 形三通，采用相同的方法，将其他弯头更改为 T 形三通，如图 7-26 所示。

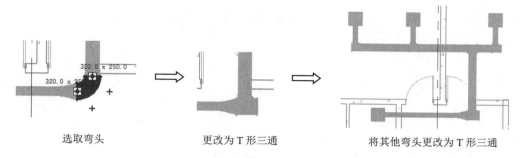

选取弯头   更改为 T 形三通   将其他弯头更改为 T 形三通

图 7-26   弯头更改为 T 形三通

（15）单击"系统"选项卡，在"HVAC"面板中单击"风管"按钮 ▭（快捷键：DT），在属性选项板中选择"矩形风管 半径弯头/T 形三通"，设置"系统类型"为"排风"，"中间高程"为"3500.0mm"，"宽度"为"320.0"，"高度"为"250.0"，根据 CAD 图纸，捕捉 T 形三通的端点，绘制如图 7-27 所示的排风管道 1。

（16）继续在选项栏中设置"宽度"为"250.0"，"高度"为"250.0"，根据 CAD 图纸，在 T 形三通的端点绘制排风管道 2，如图 7-28 所示。

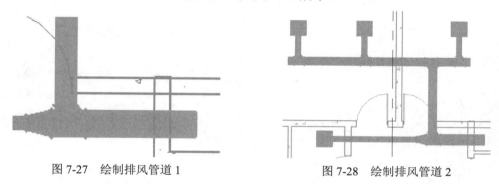

图 7-27   绘制排风管道 1   图 7-28   绘制排风管道 2

（17）单击"系统"选项卡，在"HVAC"面板中单击"风管附件"按钮 ▧（快捷键：DA），在属性选项板中选择"防火阀-矩形-电动-70 摄氏度 标准"，根据 CAD 图纸，将防火阀放置在风管上适当位置，如图 7-29 所示。

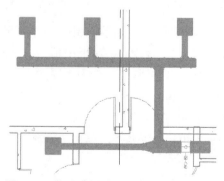

图 7-29   将防火阀放置在风管上适当位置

7.2 创建防排烟系统

7.2.1 布置设备和附件

（1）单击"系统"选项卡，在"机械"面板中单击"机械设备"
按钮 ⊞（快捷键：ME），打开"修改|放置 机械设备"选项卡，单
击"模式"面板中的"载入族"按钮，打开"载入族"对话框，
执行"China"→"MEP"→"通风除尘"→"风机"→"离心式风机-箱式-电动机外置.rfa"
命令，如图 7-30 所示，单击"打开"按钮，载入文件。

视频：布置设备和附件

（2）在属性选项板中选择"离心式风机-箱式-电动机外置 11056-28858CMH"，设置
"标高中的高程"为"200.0"，单击"编辑类型"按钮，打开"类型属性"对话框，设
置"出口宽度""出口高度"为"630.0"，"入口宽度"为"630.0"，"进口高度"为"630.0"，
"风机长度"为"1000.0"，其他采用默认设置，如图 7-31 所示，单击"确定"按钮。

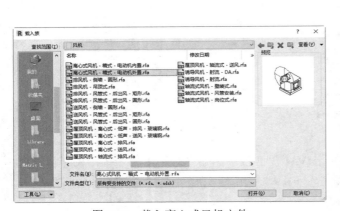

图 7-30　载入离心式风机文件

图 7-31　设置离心式风机

（3）根据 CAD 图纸，将离心式风机放置在如图 7-32 所示的位置。

（4）单击"系统"选项卡，在"HVAC"面板中单击"风管附件"按钮（快捷键：
DA），打开"修改|放置 风管附件"选项卡，单击"模式"面板中的"载入族"按钮，
打开"载入族"对话框，执行"China"→"MEP"→"风管附件"→"消声器"→"消
声弯头-ZWB100.rfa"命令，如图 7-33 所示，单击"打开"按钮，打开"指定类型"对
话框，选取 630×630 类型和 800×630 类型，单击"确定"按钮，载入文件。

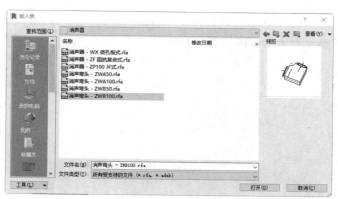

图 7-32　放置离心式风机 　　　　　　　　图 7-33　载入消声弯头文件

（5）在属性选项板中选择"消声弯头-ZWB100 630×630"，输入"标高中的高程"为"968.0"（此处的高程值为风机出口的高程值，这样可以使风机出口与弯头风口对齐，也可以在布置风管以后再定义此值），单击"编辑类型"按钮，打开"类型属性"对话框，更改"角度"为"70.00°"，其他采用默认设置，如图 7-34 所示。根据 CAD 图纸，放置消声弯头。

（6）继续选取"消声弯头-ZWB100 800×630"，输入"标高中的高程"为"2900.0"，在"类型属性"对话框中更改"角度"为"90.00°"，根据 CAD 图纸，放置消声弯头，如图 7-35 所示。

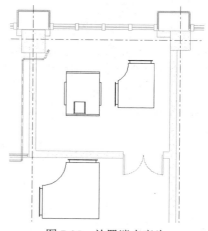

图 7-34　设置 630×630 的消声弯头 　　　　　图 7-35　放置消声弯头

（7）单击"系统"选项卡，在"HVAC"面板中单击"风道末端"按钮（快捷键：AT），打开"修改|放置 风道末端装置"选项卡，单击"模式"面板中的"载入族"按钮，打开"载入族"对话框，执行"China"→"MEP"→"风管附件"→"风口"→"回风口-矩形-单层-固定.rfa"命令，单击"打开"按钮，载入文件。

（8）在属性选项板中选择"回风口-矩形-单层-固定 1500×1000"，单击"编辑类型"按钮，打开"类型属性"对话框，在"类型"下拉列表中选择"1800×1200"选项，更改"风管宽度"为"1800.0","风管高度"为"1200.0",其他采用默认设置,如图 7-36 所示,单击"确定"按钮。

(9)在属性选项板中设置"标高中的高程"为"2500.0",根据 CAD 图纸,将回风口放置在如图 7-37 所示的位置。

图 7-36 设置 1800×1200 的回风口

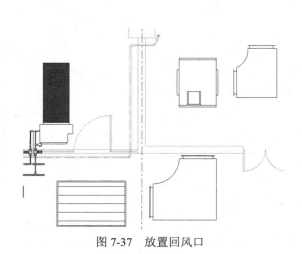

图 7-37 放置回风口

7.2.2 绘制风管

(1)单击"系统"选项卡,在"HVAC"面板中单击"风管"按钮 ，(快捷键:DT),在属性选项板中设置"系统类型"为"防排烟",在选项栏中设置"宽度""高度"为"630","中间高程"为"968.0",捕捉消声弯头 630×630 的端点绘制风管,如图 7-38 所示。

视频:绘制风管

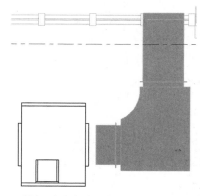

图 7-38 捕捉消声弯头 630×630 的端点绘制风管

(2)单击"系统"选项卡,在"HVAC"面板中单击"风管"按钮 （快捷键: DT),在选项栏中设置"宽度"为"800","高度"为"630","中间高程"为"2900.0mm",

捕捉消声弯头 800×630 的端点，绘制水平风管，然后更改"宽度"为"630"，继续绘制水平风管，更改"中间高程"为"700.0mm"，单击"应用"按钮，绘制竖直风管，再捕捉风机的左端点，绘制水平风管与竖直风管相交，如图 7-39 所示。

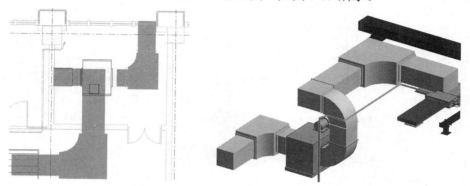

图 7-39　绘制水平风管与竖直风管相交

（3）选取回风口，单击回风口上的"创建风管"图标☑，在属性选项板中选择"矩形风管 半径弯头/T 形三通"，在选项栏中设置"宽度"为"1800"，"高度"为"1200"，"中间高程"为"3300.0mm"，单击"应用"按钮，生成竖直风管，如图 7-40 所示。

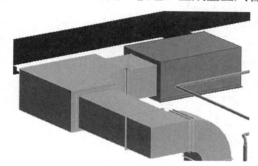

图 7-40　生成竖直风管

（4）单击"系统"选项卡，在"HVAC"面板中单击"软风管"按钮▥▥（快捷键：FD），打开如图 7-41 所示的"修改|放置 软风管"选项卡和选项栏，在选项栏中设置"宽度""高度"为"630"，"中间高程"为"968.0mm"。

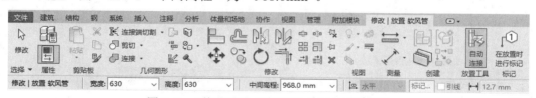

图 7-41　"修改|放置 软风管"选项卡和选项栏

（5）在属性选项板中设置"软管样式"为"单线"，"系统类型"为"防排烟"，其他采用默认设置，如图 7-42 所示，捕捉风机的右端风口端点和水平风管的端点，绘制软管，如图 7-43 所示。

图 7-42 "矩形软风管"属性选项板

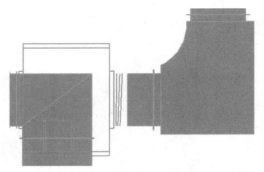

图 7-43 绘制软管

（6）单击"系统"选项卡，在"HVAC"面板中单击"风道末端"按钮📷（快捷键：AT），单击"修改|放置 风道末端装置"选项卡，在"放置"面板中单击"载入族"按钮📥，打开"载入族"对话框，执行"China"→"MEP"→"风管附件"→"风口"→"排烟格栅-多叶-主体.rfa"命令，单击"打开"按钮，载入文件。

（7）在属性选项板中选择"排烟格栅-多叶-主体 标准"，单击"编辑类型"按钮📇，打开"类型属性"对话框，在"类型"下拉列表中选择"1500×2000"选项，更改"格栅长度"为"1500.0"，"格栅宽度"为"2000.0"，其他采用默认设置，如图 7-44 所示，单击"确定"按钮。

（8）单击"放置在垂直面上"按钮📐，在属性选项板中设置"标高中的高程"为"968.0"，根据 CAD 图纸，将排烟格栅放置于墙上，如图 7-45 所示。然后选取风管拖动控制点调整风管长度。

图 7-44 设置 1500×2000 的排烟格栅

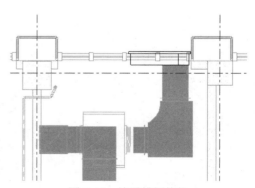

图 7-45 放置排烟格栅

（9）单击"系统"选项卡，在"HVAC"面板中单击"风管附件"按钮🔧（快捷键：DA），单击"修改|放置 风管附件"选项卡，在"放置"面板中单击"载入族"按钮📥，

打开"载入族"对话框，执行"China"→"消防"→"防排烟"→"风阀"→"防火阀-矩形-电动-280 摄氏度.rfa"命令，单击"打开"按钮，载入文件。根据 CAD 图纸，捕捉风管的中心线放置防火阀，如图 7-46 所示。

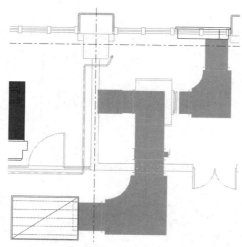

图 7-46　捕捉风管的中心线放置防火阀

📢 提示：

　　在绘制风管连接设备时，系统常常在软件界面的右下角弹出提示对话框，提示由于各种原因，导致绘制的风管不正确。用户可以尝试多种方式绘制风管连接设备。例如，可以先绘制风管，再在风管上布置设备，或者先绘制一小段风管，再拖曳风管使其与设备或另一段风管连接。

　　采用相同的方法，绘制其他防排烟系统，如图 7-47 所示。

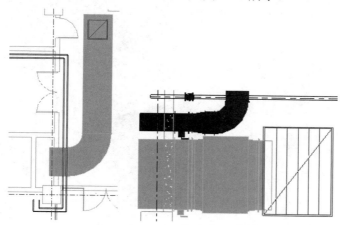

图 7-47　绘制其他防排烟系统

　　读者可以根据源文件中的 CAD 图纸绘制其他楼层的排风和防排烟系统，这里不再一一介绍绘制过程。

7.3 上机操作

1．目的要求

根据图 7-48 所示的 CAD 图纸，创建如图 7-49 所示的排风系统。

2．操作提示

（1）导入 CAD 图纸并进行风管属性配置。

（2）绘制风管。

（3）布置设备及附件。

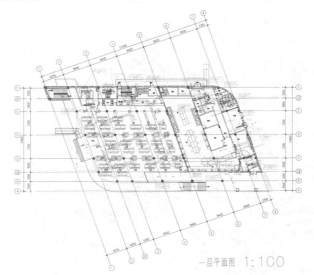

一层平面图 1：100

图 7-48　排风系统的 CAD 图纸

图 7-49　排风系统

第 8 章

照 明 系 统

 知识导引

本章以一层照明系统为例，介绍在工作时能保证产生规定视觉条件的照明，即照明系统的创建。

8.1 绘图前准备

视频：绘图前准备

（1）执行"模型"→"打开"命令，弹出"打开"对话框，选取前面章节中已链接建筑模型的"一层电气系统.rvt"文件，单击"打开"按钮，打开文件。

（2）在项目浏览器中双击"楼层平面"下的"1F"，将视图切换到 1F 楼层平面视图。

（3）单击"插入"选项卡，在"导入"面板中单击"链接 CAD"按钮，打开"链接 CAD 格式"对话框，选择"一层照明平面布置图"选项，设置"定位"为"自动-中心到中心"，"放置于"为"1F"，勾选"定向到视图"复选框，设置"导入单位"为"毫米"，其他采用默认设置，单击"打开"按钮，导入 CAD 图纸。

（4）单击"修改"选项卡，在"修改"面板中单击"对齐"按钮（快捷键：AL），在建筑模型中单击①轴线，然后单击链接 CAD 图纸中的①轴线，将①轴线对齐；接着在建筑模型中单击 A 轴线，然后单击链接 CAD 图纸中的 A 轴线，将 A 轴线对齐，此时，链接 CAD 图纸与建筑模型重合，如图 8-1 所示。

（5）单击"修改"选项卡，在"修改"面板中单击"锁定"按钮（快捷键：PN），选择 CAD 图纸，将其锁定。

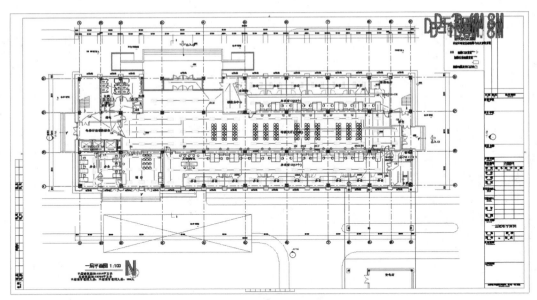

图 8-1　对齐一层照明平面布置图图形

（6）单击"视图"选项卡，在"图形"面板中单击"可见性/图形"按钮（快捷键：VG），打开"楼层平面：1F 的可见性/图形替换"对话框，在"导入的类别"选项卡中展开一层照明平面图的图层，勾选"dq""EQUIP"和"EQUIP-照明"复选框，取消勾选其他图层复选框，如图 8-2 所示，单击"确定"按钮，整理后的一层照明平面布置图图形如图 8-3 所示。

图 8-2　"楼层平面：1F 的可见性/图形替换"对话框

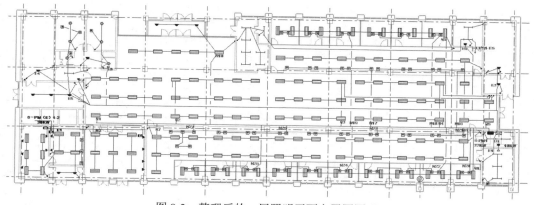

图 8-3　整理后的一层照明平面布置图图形

8.2　布置照明设备

视频：布置照明设备

（1）在控制栏中设置"详细程度"为"中等"。单击"系统"选项卡，在"电气"面板中单击"照明设备"按钮（快捷键：LF），系统打开如图 8-4 所示的提示对话框，提示项目中未载入灯具族。单击"是"按钮，打开如图 8-5 所示的"修改|放置 设备"选项卡，单击"模式"面板中的"载入族"按钮，打开"载入族"对话框，选择源文件中的"双管格栅荧光灯.rfa"族文件，单击"打开"按钮，载入文件。

图 8-4　提示项目中未载入灯具族

图 8-5　"修改|放置 设备"选项卡

（2）在属性选项板中设置"标高中的高程"为"3500.0"，其他采用默认设置，如图 8-6 所示。在选项栏中勾选"放置后旋转"复选框，根据 CAD 图纸，布置双管格栅荧光灯，如图 8-7 所示，也可以结合"复制"和"旋转"选项布置双管格栅荧光灯。

图 8-6 "双管格栅荧光灯"
属性选项板

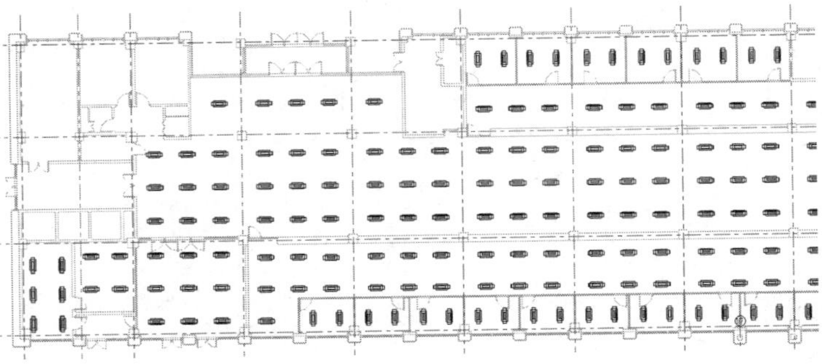

图 8-7 布置双管格栅荧光灯

（3）将视图切换至东-机械立面视图。单击"系统"选项卡，在"工作平面"面板中单击"参照平面"按钮（快捷键：RP），绘制参照平面，双击临时尺寸，使尺寸处于编辑状态，输入新的尺寸"3500.0"，按 Enter 键确认，调整参照平面位置，如图 8-8 所示。

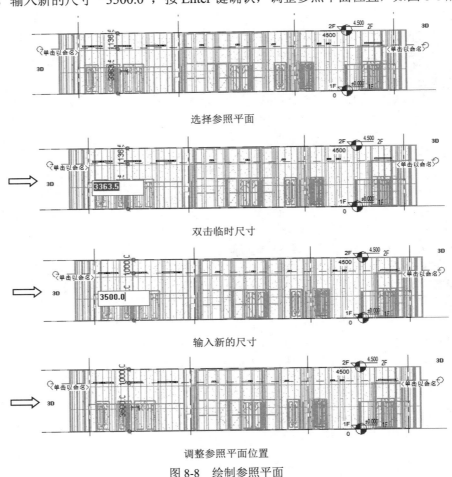

选择参照平面

双击临时尺寸

输入新的尺寸

调整参照平面位置

图 8-8 绘制参照平面

（4）单击"系统"选项卡，在"电气"面板中单击"照明设备"按钮✎（快捷键：LF），打开"修改|放置 设备"选项卡，单击"模式"面板中的"载入族"按钮📥，打开"载入族"对话框，选择源文件中的"单管荧光灯.rfa"族文件，单击"打开"按钮，载入文件。

（5）单击"放置"面板中的"放置在工作平面上"按钮◈，打开"工作平面"对话框，单击"拾取一个平面"单选按钮，如图 8-9 所示。单击"确定"按钮，在视图中拾取上一步绘制的参照平面，打开"转到视图"对话框，选择"楼层平面：1F"选项，如图 8-10 所示。单击"打开视图"按钮，转到 1F 楼层平面视图。

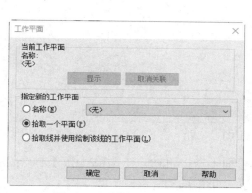

图 8-9　"工作平面"对话框

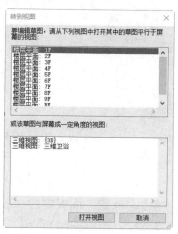

图 8-10　"转到视图"对话框

（6）在属性选项板中单击"编辑类型"按钮🔲，打开"类型属性"对话框，更改"灯管长度"为"1200.0"，其他采用默认设置，如图 8-11 所示，单击"确定"按钮。

（7）在选项栏中勾选"放置后旋转"复选框，根据 CAD 图纸，布置单管荧光灯，如图 8-12 所示。

图 8-11　设置单管荧光灯

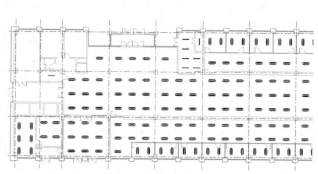

图 8-12　布置单管荧光灯

（8）单击"系统"选项卡，在"电气"面板中单击"照明设备"按钮 （快捷键：LF），打开"修改|放置 设备"选项卡，单击"模式"面板中的"载入族"按钮 ，打开"载入族"对话框，执行"China"→"MEP"→"照明"→"室内灯"→"高低天棚灯具"→"低天棚灯具-吸顶式.rfa"命令，如图 8-13 所示，单击"打开"按钮，载入文件。

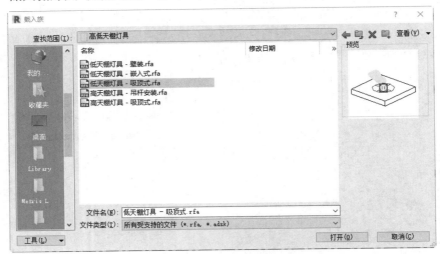

图 8-13　载入低天棚灯具文件

（9）单击"放置"面板中的"放置在工作平面上"按钮 ，在选项栏中勾选"放置后旋转"复选框，根据 CAD 图纸，布置天棚灯，如图 8-14 所示。

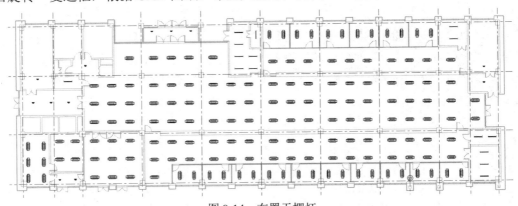

图 8-14　布置天棚灯

（10）单击"系统"选项卡，在"电气"面板中单击"照明设备"按钮 （快捷键：LF），打开"修改|放置 设备"选项卡，单击"模式"面板中的"载入族"按钮 ，打开"载入族"对话框，执行"China"→"MEP"→"照明"→"室内灯"→"环形吸顶灯"→"环形吸顶灯.rfa"命令，单击"打开"按钮，载入文件。

（11）在属性选项板中单击"编辑类型"按钮 ，打开"类型属性"对话框，在"类型"下拉列表中选择"20W"选项，更改"直径"为"400.0"，其他采用默认设置，如图 8-15 所示，单击"确定"按钮。

（12）单击"放置"面板中的"放置在工作平面上"按钮，根据 CAD 图纸，布置环形吸顶灯，如图 8-16 所示。

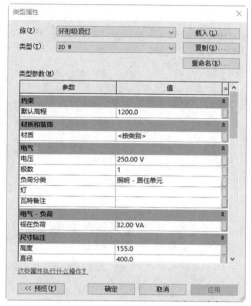

图 8-15　设置 20W 的环形吸顶灯

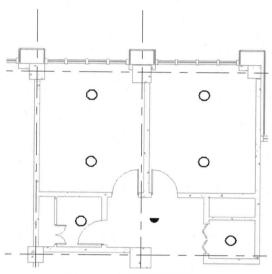

图 8-16　布置环形吸顶灯

8.3　布置电气设备

视频：布置电气设备

（1）单击"系统"选项卡，在"电气"面板的"设备"下拉列表中单击"电气装置"按钮，弹出提示对话框，提示是否载入电气装置族，如图 8-17 所示。单击"是"按钮，打开"载入族"对话框，选择源文件中的"地面插座.rfa"族文件，单击"打开"按钮，载入文件。

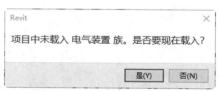

图 8-17　提示是否载入电气装置族

（2）在属性选项板中设置"标高中的高程"为"0"，根据 CAD 图纸，在地面上放置地面插座，如图 8-18 所示。

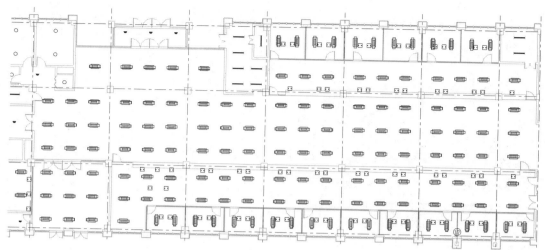

图 8-18　放置地面插座

（3）单击"系统"选项卡，在"电气"面板的"设备"下拉列表中单击"电气装置"按钮，在"修改|放置 装置"选项卡中单击"载入族"按钮，打开"载入族"对话框，执行"China"→"MEP"→"供配电"→"终端"→"插座"→"单相二三极插座-暗装.rfa"命令，如图 8-19 所示，单击"打开"按钮，载入文件。

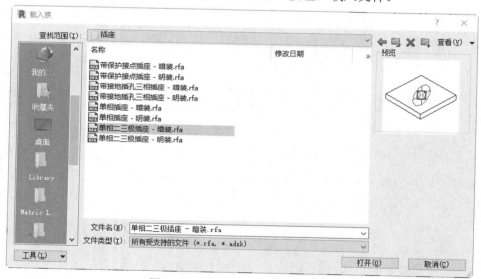

图 8-19　载入单相二三极插座文件

（4）在属性选项板中设置"标高中的高程"为"300.0"，单击"放置"面板中的"放置在垂直面上"按钮，选取绘图区中的墙体为放置单相二三极插座的实体面，按 Space 键左右翻转装置，根据 CAD 图纸，在墙体上的适当位置单击放置单相二三极插座，如图 8-20 所示。

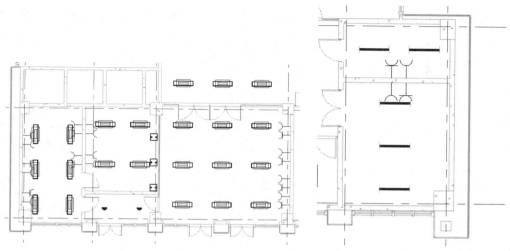

图 8-20　放置单相二三极插座

（5）单击"系统"选项卡，在"电气"面板的"设备" 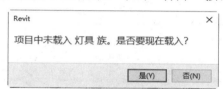 下拉列表中单击"照明"按钮，弹出提示对话框，提示是否载入灯具族，如图 8-21 所示，单击"是"按钮，打开"载入族"对话框，执行"China"→"MEP"→"供配电"→"终端"→"开关"→"单联开关-暗装.rfa"命令，如图 8-22 所示，单击"打开"按钮，载入文件。

图 8-21　提示是否载入灯具族

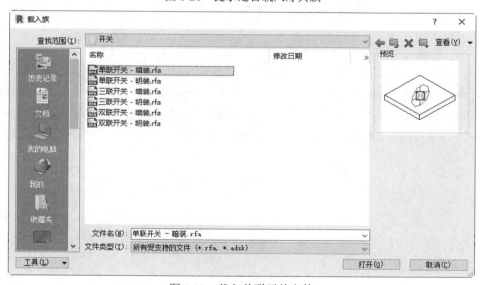

图 8-22　载入单联开关文件

（6）在属性选项板中设置"标高中的高程"为"1400.0"，单击"放置"面板中的"放置在垂直面上"按钮，根据 CAD 图纸，在墙体上放置单联开关，如图 8-23 所示。

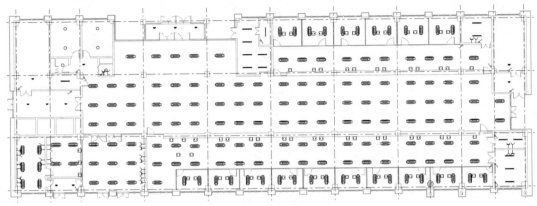

图 8-23　放置单联开关

（7）采用相同的方法，根据 CAD 图纸，在墙体上放置双联和三联开关，如图 8-24 所示。

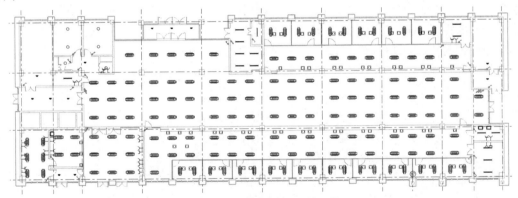

图 8-24　放置双联和三联开关

（8）单击"系统"选项卡，在"电气"面板中单击"电气设备"按钮（快捷键：EE），弹出提示对话框，提示是否载入电气设备族，如图 8-25 所示。单击"是"按钮，打开"载入族"对话框，执行"China"→"MEP"→"供配电"→"配电设备"→"箱柜"→"GGD 型低压配电柜.rfa"命令，如图 8-26 所示，单击"打开"按钮，载入文件。

图 8-25　提示是否载入电气设备族

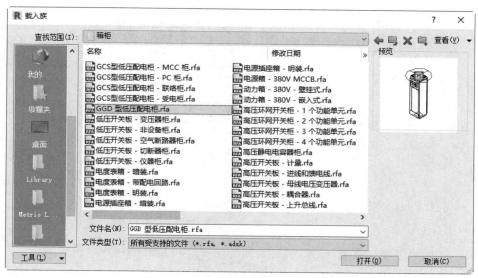

图 8-26 载入 GGD 型低压配电柜文件

（9）在属性选项板中单击"编辑类型"按钮，打开"类型属性"对话框，设置"宽度 1"为"400.0"，"开关板高度"为"1800.0"，"长度 1"为"600.0"，其他采用默认设置，如图 8-27 所示，单击"确定"按钮。

图 8-27 设置 GGD 型低压配电柜

（10）在属性选项板中设置"标高中的高程"为"0"，根据 CAD 图纸，在墙体上放置 GGD 型低压配电柜，如图 8-28 所示。

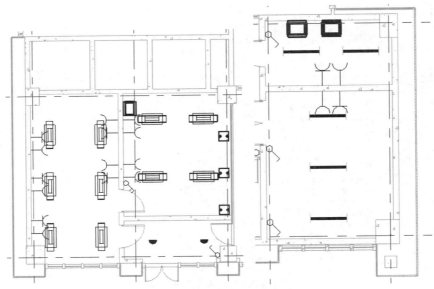

图 8-28　放置 GGD 型低压配电柜

8.4　布　置　线　路

视频：布置线路

（1）按住 Ctrl 键，选取办公室房间内的开关和荧光灯，如图 8-29 所示。

（2）单击"创建系统"面板中的"电力"按钮 ⑪，生成如图 8-30 所示的临时配线，单击图 8-31 所示的"修改|电路"选项卡，在"面板"下拉列表中选择"类型 1，220V/380V，三相 相位，4 导线 星形"选项，在"连接类型"下拉列表中选择"断路器"选项。

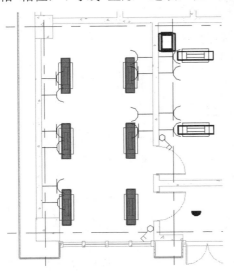

图 8-29　选取开关和荧光灯

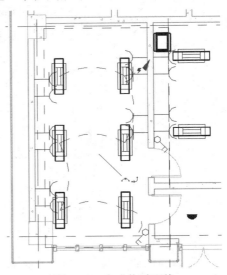

图 8-30　生成临时配线

图 8-31　"修改|电路"选项卡

"修改|电路"选项卡中的选项说明如下。

- 编辑线路：对现有线路进行编辑。
- 编辑路径：选择线路预定义的路径，或者指定自定义路径。线路路径可以包含所有设备或仅包含最远设备。修改线路路径时，会创建并保留自定义路径，以便稍后选择。
- 选择配电盘：将电力线连接到兼容的配电盘。选中的配电盘必须有一个可用的插槽，并且必须与连接的线路的配电系统匹配。
- 断开与配电盘的连接：在视图中选择某个连入线路的电气构件后，可断开配电盘与线路的连接。

（3）单击"选择配电盘"按钮，选取如图 8-32 所示的配电柜。

（4）单击"从此临时配线生成圆弧带倒角配线"图标，或者单击"修改|电路"选项卡，在"转换为导线"面板中单击"带倒角导线"按钮，生成导线，如图 8-33 所示。

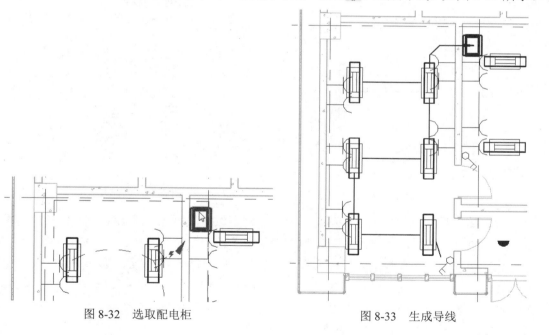

图 8-32　选取配电柜　　　　图 8-33　生成导线

如果生成的导线在视图中不可见，则可单击"视图"选项卡，在"图形"面板中单击"可见性/图形"按钮🖹，打开"可见性/图形替换"对话框，在"建筑模型类别"选项卡中勾选"导线"复选框，单击"确定"按钮。

（5）选取办公室内的灯具，单击"修改|照明设备"选项卡，在"创建系统"面板中单击"开关"按钮🗔，打开如图 8-34 所示的"修改|开关系统"选项卡。

图 8-34 "修改|开关系统"选项卡

（6）单击"系统工具"面板中的"选择开关"按钮🗔，在视图中选取该房间内的开关，如图 8-35 所示，完成开关系统的创建，如图 8-36 所示。

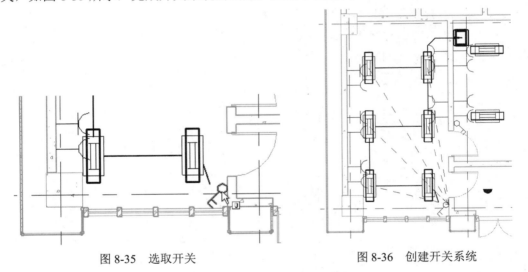

图 8-35 选取开关　　　　　　　　图 8-36 创建开关系统

（7）如果系统自动生成导线不符合要求，则可以将其删除，然后单击"系统"选项卡，在"电气"面板的"导线"下拉列表中单击"带倒角导线"按钮⌐，打开"修改|放置导线"选项卡，在属性选项板中选择"BV"。然后根据 CAD 图纸，绘制所需导线。

（8）有的电气设备不能在创建电力系统时自动生成导线，需要手动创建导线，可单击"系统"选项卡，在"电气"面板的"导线"下拉列表中单击"带倒角导线"按钮⌐，根据 CAD 图纸，绘制导线，结果如图 8-37 所示。

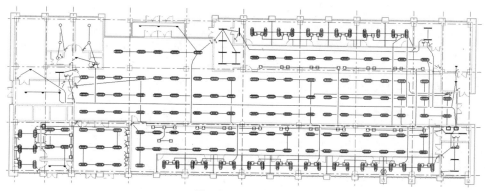

图 8-37　绘制导线

　　读者可以根据源文件中的 CAD 图纸绘制二层、三层的照明系统，这里不再一一介绍绘制过程。

8.5　上机操作

1．目的要求

根据图 8-38 所示的 CAD 图纸，创建如图 8-39 所示的照明系统。

2．操作提示

（1）导入 CAD 图纸。

（2）布置照明设备和电气设备。

（3）布置线路。

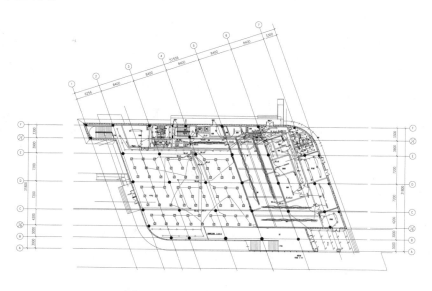

图 8-38　照明系统的 CAD 图纸

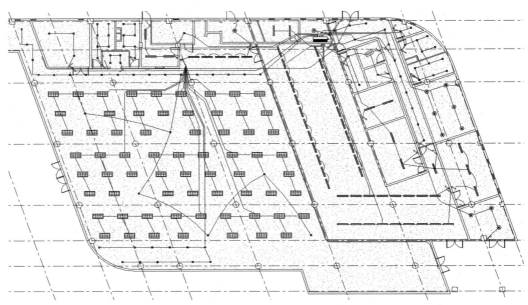

图 8-39　照明系统

第 9 章

应急照明系统

知识导引

当正常照明系统发生故障而熄灭时，应当由供设备暂时继续工作的或供人员疏散用的应急照明系统代替。

本章以一层应急照明系统为例，介绍应急照明系统的绘制过程。

9.1 绘图前准备

视频：绘图前准备

（1）执行"模型"→"打开"命令，打开"打开"对话框，选取前面章节已链接建筑模型的"一层电气系统.rvt"文件，单击"打开"按钮，打开文件。

（2）在项目浏览器中双击"楼层平面"下的"1F"，将视图切换到 1F 楼层平面视图。

（3）单击"插入"选项卡，在"导入"面板中单击"链接 CAD"按钮，打开"链接 CAD 格式"对话框，选择"一层应急照明平面图"选项，设置"定位"为"自动-中心到中心"，"放置于"为"1F"，勾选"定向到视图"复选框，设置"导入单位"为"毫米"，其他采用默认设置，单击"打开"按钮，导入 CAD 图纸。

（4）单击"修改"选项卡，在"修改"面板中单击"对齐"按钮（快捷键：AL），在建筑模型中单击①轴线，然后单击链接 CAD 图纸中的①轴线，将①轴线对齐；接着在建筑模型中单击 A 轴线，然后单击链接 CAD 图纸中的 A 轴线，将 A 轴线对齐，此时，链接 CAD 图纸与建筑模型重合，如图 9-1 所示。

（5）单击"修改"选项卡，在"修改"面板中单击"锁定"按钮（快捷键：PN），选择 CAD 图纸，将其锁定。

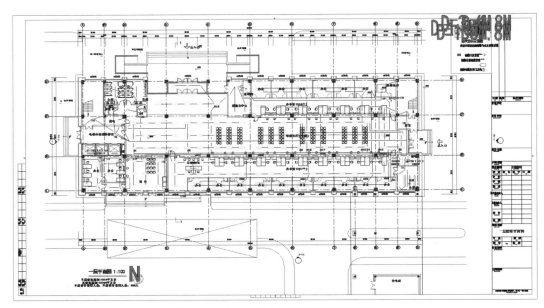

图 9-1　对齐一层应急照明平面图图形

（6）单击"视图"选项卡，在"图形"面板中单击"可见性/图形"按钮（快捷键：VG），打开"楼层平面：1F 的可见性/图形替换"对话框，在"导入的类别"选项卡中展开一层应急照明平面图的图层，勾选"应急疏散指示牌""应急疏散照明""应急疏散照明灯""应急疏散线"和"应急设备图层"复选框，取消勾选其他图层复选框，单击"确定"按钮，整理后的一层应急照明平面图图形如图 9-2 所示。

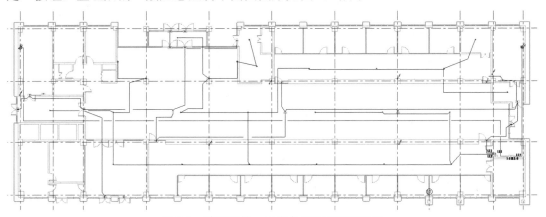

图 9-2　整理后的一层应急照明平面图图形

9.2 布置照明设备

视频：布置照明设备

（1）将视图切换至东-机械立面视图。单击"系统"选项卡，在"工作平面"面板中单击"参照平面"按钮 （快捷键：RP），绘制参照平面，再选取参照平面，修改临时尺寸为 2500，如图 9-3 所示。

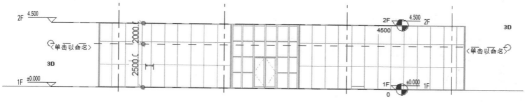

图 9-3 修改临时尺寸为 2500

（2）单击"系统"选项卡，在"电气"面板中单击"照明设备"按钮 （快捷键：LF），打开"修改|放置 设备"选项卡，弹出提示对话框，提示是否载入照明设备族，单击"是"按钮，打开"载入族"对话框，执行"China"→"MEP"→"照明"→"特殊灯具"→"应急疏散指示灯-悬挂式.rfa"命令，如图 9-4 所示。单击"打开"按钮，载入文件。

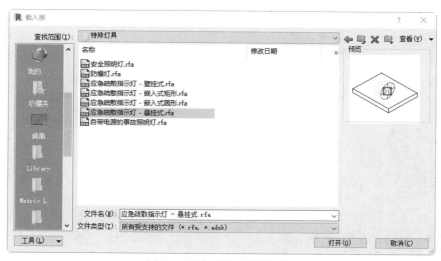

图 9-4 载入应急疏散指示灯

（3）单击"放置"面板中的"放置在工作平面上"按钮 ，打开"工作平面"对话框，单击"拾取一个平面"单选按钮，如图 9-5 所示。单击"确定"按钮，在视图中拾取上一步绘制的参照平面，打开"转到视图"对话框，选择"楼层平面：1F"选项，如图 9-6 所示。单击"打开视图"按钮，转到 1F 楼层平面视图。

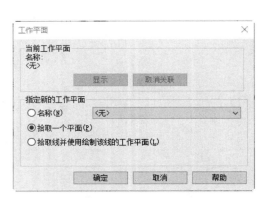

图 9-5 "工作平面"对话框

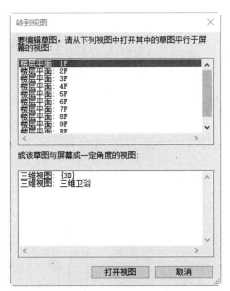

图 9-6 "转到视图"对话框

（4）单击"放置"面板中的"放置在工作平面上"按钮◈，在属性选项板中选择"应急疏散指示灯-嵌入式矩形 左"和"应急疏散指示灯-嵌入式矩形 右"，根据 CAD 图纸，并结合"旋转"选项，布置应急疏散指示灯，如图 9-7 所示。

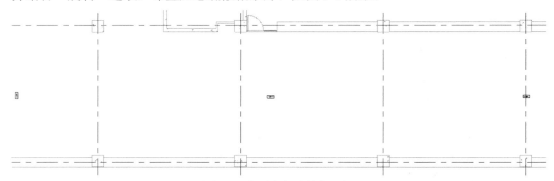

图 9-7 布置应急疏散指示灯

（5）单击"系统"选项卡，在"电气"面板中单击"照明设备"按钮◈（快捷键：LF），打开"修改|放置 设备"选项卡，单击"模式"面板中的"载入族"按钮▣，打开"载入族"对话框，选择源文件中的"安全出口.rfa"族文件，单击"打开"按钮，载入文件。

（6）在属性选项板中设置"标高中的高程"为"2500.0"，根据 CAD 图纸，将其放置在疏散门的上方，如图 9-8 所示。

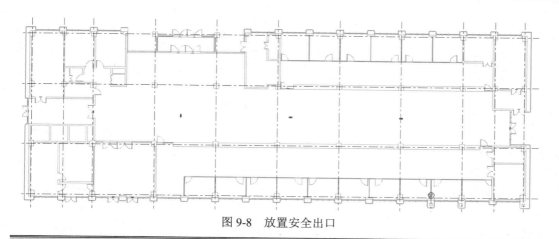

图 9-8　放置安全出口

> **提示：**
> 　应急疏散指示灯的安装位置。
> 　（1）安全出口标志灯宜设在出口的顶部，不宜吸顶安装，宜安装在顶棚下 20cm 的位置，底边距地面距离应为 2.2~2.5m。
> 　（2）疏散走道的指示标志宜设置在疏散走道及其转角处距地面 1m 以下的墙面上。

（7）单击"系统"选项卡，在"电气"面板中单击"照明设备"按钮 ，打开"修改|放置 设备"选项卡，单击"模式"面板中的"载入族"按钮 ![icon]，打开"载入族"对话框，选择源文件中的"设备用房标志灯.rfa"和"楼层标志灯"族文件，单击"打开"按钮，载入文件。

（8）在属性选项板中设置"标高中的高程"为"2500.0"，根据 CAD 图纸，将其放置在设备用房门的上方和楼梯间，如图 9-9 所示。

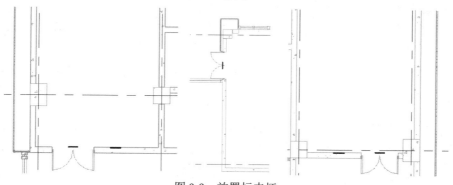

图 9-9　放置标志灯

> **提示：**
> 　楼层标志灯的安装位置。
> 　（1）楼层标志灯的安装位置，一般在建筑物内通往室外的正常出口和应急通道出口处。
> 　（2）楼层标志灯一般安装在出口门框的上方，如果门框太高，则可安装在门框的侧

口位置。

（3）为了防止火灾发生时产生的烟雾影响视觉，楼层标志灯的安装高度应以 2.2～2.5m 最适宜。

（9）单击"系统"选项卡，在"电气"面板中单击"照明设备"按钮 （快捷键：LF），打开"修改|放置 设备"选项卡，单击"模式"面板中的"载入族"按钮 ，打开"载入族"对话框，选择源文件中的"应急照明灯.rfa"族文件，单击"打开"按钮，载入文件。

（10）在属性选项板中设置"标高中的高程"为"2500.0"，根据 CAD 图纸，在墙和柱上放置应急照明灯，如图 9-10 所示。

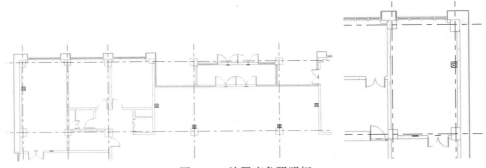

图 9-10 放置应急照明灯

（11）单击"系统"选项卡，在"电气"面板中单击"照明设备"按钮 （快捷键：LF），打开"修改|放置 设备"选项卡，单击"模式"面板中的"载入族"按钮 ，打开"载入族"对话框，选择源文件中的"智能应急照明灯.rfa"族文件，单击"打开"按钮，载入文件。

（12）在属性选项板中设置"标高中的高程"为"3500.0"，根据 CAD 图纸，放置智能应急照明灯，如图 9-11 所示。

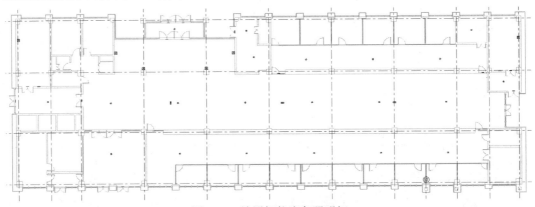

图 9-11 放置智能应急照明灯

（13）单击"系统"选项卡，在"电气"面板中单击"电气设备"按钮（快捷键：EE），弹出提示对话框，提示是否载入电气设备族，单击"是"按钮，打开"载入族"对话框，执行"China"→"MEP"→"供配电"→"配电设备"→"箱柜"→"应急照明箱.rfa"命令，如图 9-12 所示，单击"打开"按钮，载入文件。

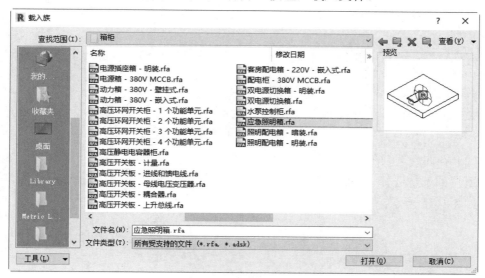

图 9-12　载入应急照明箱文件

（14）在属性选项板中设置"标高中的高程"为"1500.0"，在"修改|放置 设备"选项卡中单击"放置在垂直面上"按钮，根据 CAD 图纸，靠墙体放置应急照明箱，如图 9-13 所示。

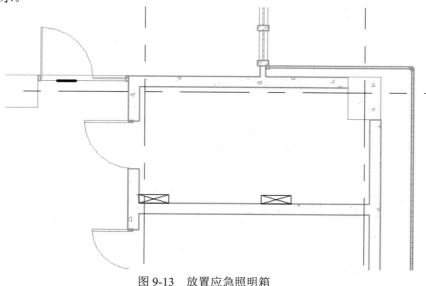

图 9-13　放置应急照明箱

9.3 绘 制 线 路

视频：绘制线路

（1）单击"系统"选项卡，在"电气"面板的"导线"下拉列表中单击"带倒角导线"按钮⌐，打开如图 9-14 所示的"修改|放置导线"选项卡。

图 9-14 "修改|放置导线"选项卡

（2）在属性选项板中单击"编辑类型"按钮，打开"类型属性"对话框，在"类型"下拉列表中选择"ZR-VV"选项，更改"隔热层"为"ZR-VV"，其他采用默认设置，如图 9-15 所示。

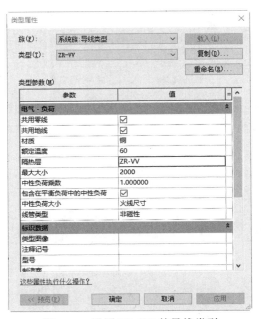

图 9-15 设置 ZR-VV 的导线类型

📢 提示：

（1）应急照明系统在每个防火分区都有独立的应急线路，穿越不同防火分区的线路有防火隔堵措施。

（2）疏散照明线路采用耐火导线，穿管明敷设或穿非燃刚性导管暗敷设，暗敷设保护层厚度不小于 30mm，导线采用额定电压不低于 750V 的铜芯绝缘线。

（3）根据 CAD 图纸，绘制应急照明灯之间的导线，如图 9-16 所示。

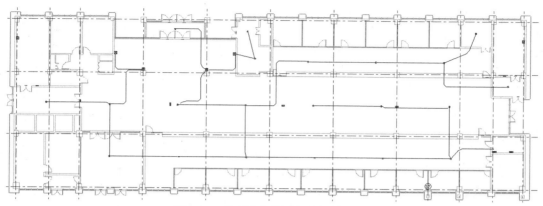

图 9-16　绘制应急照明灯之间的导线

（4）在视图中选择一个导线回路，如图 9-17 所示。

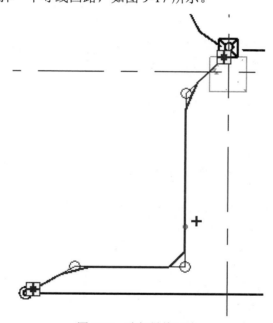

图 9-17　选择导线回路

（5）使用加号和减号可以修改回路中导线的数量。单击加号可增加导线的数量，每次单击都会给回路添加一个记号，一个记号表示一根导线；单击减号可减少导线的数量，每次单击都会从回路中删除一个记号，一个记号表示一根导线。达到导线的最小数量时，禁用减号。

（6）拖曳顶点以修改导线回路的形状，如图 9-18 所示。

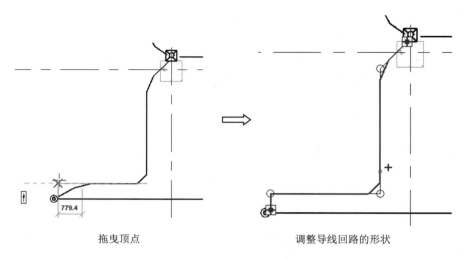

拖曳顶点　　　　　　　　　　　　调整导线回路的形状

图 9-18　修改导线回路形状

（7）在导线回路上右击，弹出如图 9-19 所示的快捷菜单，选择"插入顶点"选项，在导线回路上将显示一个新的顶点控制柄（最初显示为一个实点），如图 9-20 所示。

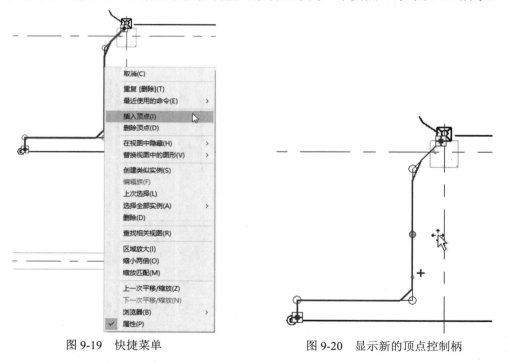

图 9-19　快捷菜单　　　　　　　　　图 9-20　显示新的顶点控制柄

（8）移动鼠标指针，在所需的位置单击，放置顶点，拖曳到新顶点可以修改导线回路的形状。

（9）采用相同的方法，添加其他顶点，如图 9-21 所示。

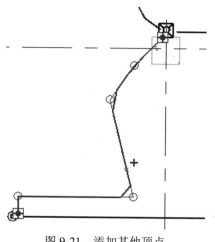

图 9-21　添加其他顶点

（10）在导线回路上右击，弹出如图 9-19 所示的快捷菜单，选择"删除顶点"选项，移动鼠标指针到要删除的顶点上，当顶点显示为一个实点时单击，删除顶点，如图 9-22 所示。

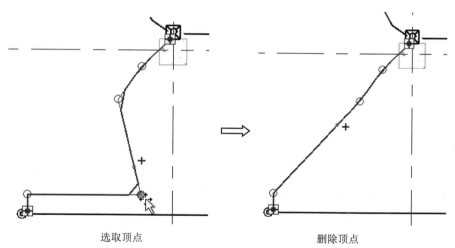

选取顶点　　　　　　　　　　　　　　删除顶点

图 9-22　删除顶点

（11）单击"系统"选项卡，在"电气"面板的"导线"下拉列表中单击"带倒角导线"按钮，根据 CAD 图纸，绘制指示灯之间的导线，如图 9-23 所示。

（12）单击"系统"选项卡，在"电气"面板"导线"下拉列表中单击"带倒角导线"按钮，根据 CAD 图纸，绘制应急照明灯导线，如图 9-24 所示。

（13）选取上一步绘制的导线，打开如图 9-25 所示的"修改|导线"选项卡，单击"排列"面板中的"放到最后"按钮，将此导线放置在其他导线的后面，如图 9-26 所示。

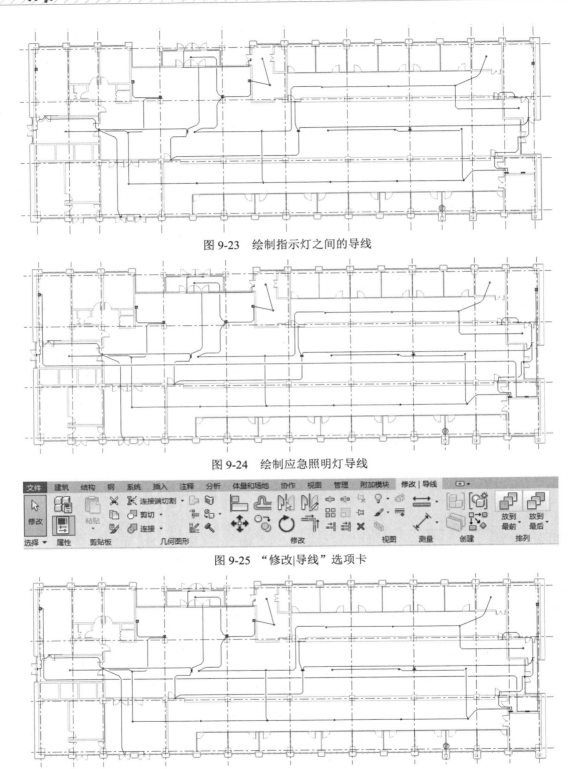

图 9-23　绘制指示灯之间的导线

图 9-24　绘制应急照明灯导线

图 9-25　"修改|导线"选项卡

图 9-26　排列导线

读者可以根据源文件中的 CAD 图纸绘制其他楼层的应急照明系统，这里不再一一介绍其绘制过程。

9.4 上机操作

1. 目的要求

根据如图 9-27 所示的 CAD 图纸，创建应急照明系统。

2. 操作提示

（1）导入 CAD 图纸。

（2）布置照明设备。

（3）布置线路。

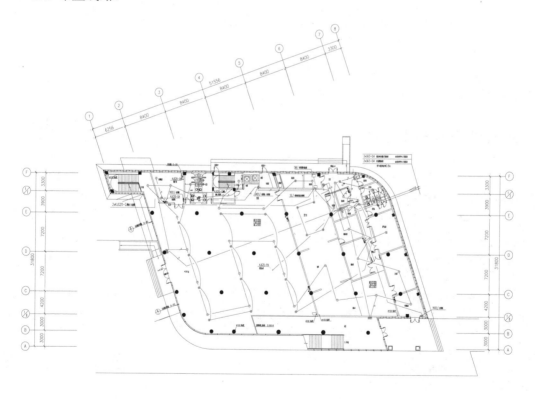

图 9-27 应急照明系统的 CAD 图纸

第 10 章

系 统 检 查

 ## 知识导引

通过碰撞检查，可以对水暖电建筑模型进行管线的综合检查，找出并调整有碰撞的管线。通过系统分析，调整风管/管道的大小。

⫴ 10.1　检查管道、风管和电力系统 ⫴

本节将介绍如何检查在项目中创建的管道、风管和电力系统，以确认各个系统都被指定给用户定义的系统，并已准确连接。

10.1.1　检查管道系统

（1）单击快速访问工具栏中的"打开"按钮 ▷（快捷键：Ctrl+O），
打开前面章节创建的"自动喷水灭火系统"文件。

视频：检查管道系统

（2）单击"分析"选项卡，在"检查系统"面板中单击"检查管道系统"按钮 ⤵（快捷键：DC），为当前视图中的无效管道系统显示警告标记和腹杆线，如图 10-1 所示。

> ◀)提示：如果发现以下状况，则显示警告信息。
> （1）系统未连接好：当系统中的图元未连接到任何物理管网时，认为系统未连接好。例如，如果系统的一个或多个设备未连接到任何一个管网，则认为系统没有连接好。
> （2）存在流量/需求配置不匹配。
> （3）存在流动方向不匹配。

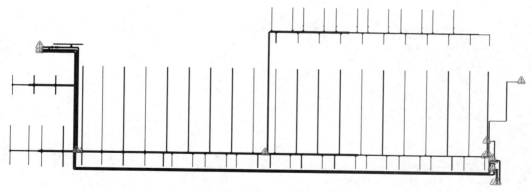

图 10-1 为无效管道系统显示警告标记和腹杆线

（3）单击视图中的"警告标记" ⚠，打开"警告"对话框，显示系统存在的问题，并高亮显示系统中存在问题的管道和附件，如图 10-2 所示。

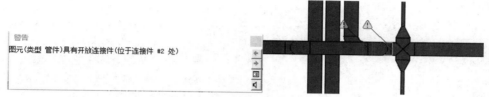

图 10-2 "警告"对话框及存在问题的管道和附件

（4）根据需要单击"箭头"按钮滚动浏览警告消息列表。单击"展开警告对话框"按钮 国，展开如图 10-3 所示的"警告"对话框，查看警告消息的详细信息。单击"导出"按钮，打开如图 10-4 所示的"导出 Revit 错误报告"对话框，设置保存路径并输入"文件名"为"自动喷水灭火系统错误报告"，单击"保存"按钮，保存错误报告，返回图 10-3 所示的"警告"对话框。单击"关闭"按钮，关闭对话框。

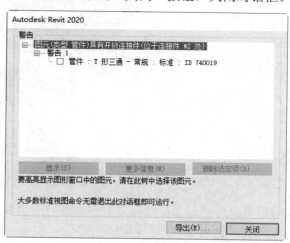

图 10-3 查看警告消息的详细信息

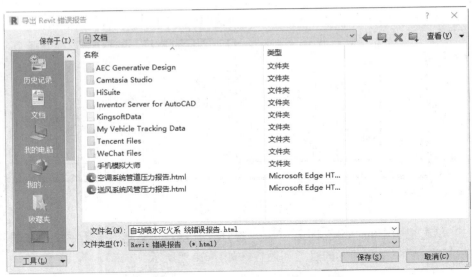

图 10-4 "导出 Revit 错误报告"对话框

> **提示：**
>
> 　　如果不显示警告标记以显示相关警告消息，则单击"分析"选项卡，在"检查系统"面板中单击"显示隔离开关"按钮，打开"显示断开连接选项"对话框，勾选"管道"复选框，如图 10-5 所示。单击"确定"按钮，显示管道断开标记，单击警告标记以显示相关警告消息的详细信息，如图 10-3 所示。

　　（5）将视图切换到三维视图，放大警告标记处，如图 10-6 所示，观察图形，从图中可以看出，T 形三通的位置不符合要求。

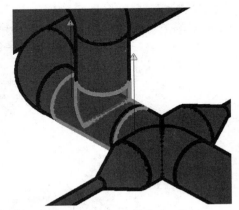

图 10-5 "显示断开连接选项"对话框　　　　　图 10-6 管道连接不正确

　　（6）移动四通，然后删除 T 形三通，选取立管拖动控制点至水平管，并在连接处生成 T 形三通，此处将不再显示警告标记，如图 10-7 所示。

　　（7）采用相同的方法，调整其他管道之间的连接，如图 10-8 所示。

　　（8）选取连接其他层立管上的 T 形三通，单击"修改|管径"选项卡，在"编辑"面

板中单击"管帽开放端点"按钮 T，在 T 形三通的上端添加管帽，此处将不再显示警告标记，如图 10-9 所示。

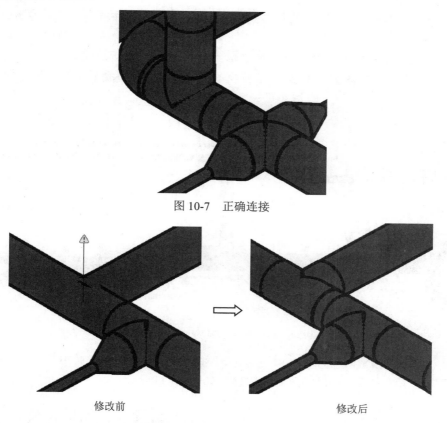

图 10-7　正确连接

修改前　　　　　　　　　　　　修改后

图 10-8　调整其他管道之间的连接

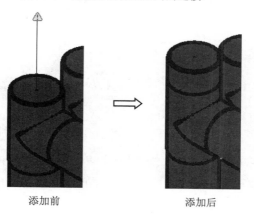

添加前　　　　　　　　　　　　添加后

图 10-9　添加管帽

（9）采用相同的方法，对管道系统中带有警告标记的位置进行调整或添加管帽。

10.1.2 检查风管系统

视频：检查风管系统

（1）单击快速访问工具栏中的"打开"按钮🗁（快捷键：Ctrl+O），打开前面章节创建的"送风系统"文件。

（2）单击"分析"选项卡，在"检查系统"面板中单击"检查风管系统"按钮▱（快捷键：PC），为当前视图中的无效风管系统显示警告标记和腹杆线，如图 10-10 所示。

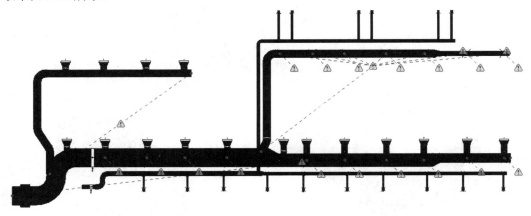

图 10-10　为无效风管系统显示警告标记和腹杆线

（3）单击视图中的"警示标记"⚠，打开"警告"对话框，显示系统存在的问题，并高亮显示系统中存在问题的风管和附件，如图 10-11 所示。

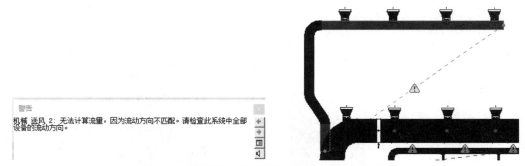

图 10-11　"警告"对话框及存在问题的风管和附件

（4）选取图 10-11 所示的上端水平支管，单击"修改|风管"选项卡，在"编辑"面板中单击"管帽开放端点"按钮⊤，在水平支管的端点添加管帽，此处将不再显示警告标记，如图 10-12 所示。

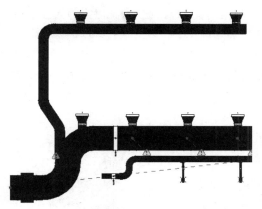

图 10-12　在水平支管的端点添加管帽

（5）单击视图中竖管上的警示标记，打开"警告"对话框，显示系统存在的问题，并高亮显示系统中存在问题的风管，如图 10-13 所示。

图 10-13　"警告"对话框及存在问题的风管

（6）单击"展开警告对话框"按钮 ，展开如图 10-14 所示的"警告"对话框，查看警告消息的详细信息。展开节点，勾选错误的风管复选框，单击"删除选定项"按钮，删除错误的风管。

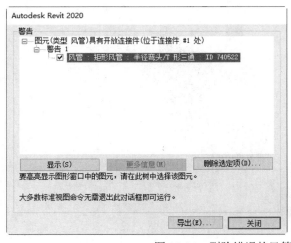

图 10-14　删除错误的风管

（7）选取弯头，单击左侧的"T形三通"图标✚，将弯头转换成 T 形三通，如图 10-15 所示。

（8）单击"系统"选项卡，在"HVAC"面板中单击"风管"按钮▱（快捷键：DT），在选项栏中设置"宽度"为"2000"，"高度"为"450"，"中间高程"为"3475.0mm"，捕捉 T 形三通的端点，绘制水平风管，如图 10-16 所示。

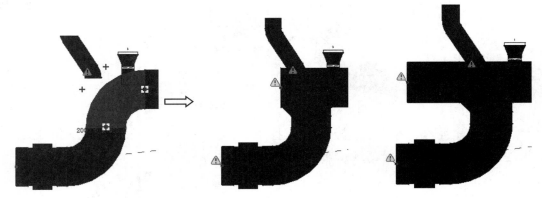

图 10-15　弯头转换为 T 形三通　　　　　　　图 10-16　绘制水平风管

（9）删除斜向风管，选取竖直风管，拖曳其上的控制点，直至上一步绘制的水平风管，系统自动在连接处生成 T 形三通，然后在水平风管上添加管帽，如图 10-17 所示。

图 10-17　风管连接

（10）采用相同的方法，调整其他风管及附件。

10.1.3　检查线路

使用此命令可查找未指定给线路的构件，并检查平面中的线路，以　视频：检查线路
查看每个线路是否已正确连接到配电盘。

（1）单击快速访问工具栏中的"打开"按钮 （快捷键：Ctrl+O），打开前面章节
创建的"应急照明系统"文件。

（2）单击"分析"选项卡，在"检查系统"面板中单击"检查线路"按钮（快捷
键：EC），以验证项目中线路的连接。

（3）此时系统弹出如图 10-18 所示的"未发现线路错误"对话框，表示系统中的线
路是正确的，不需要修改。

图 10-18　"未发现线路错误"对话框

10.2　通风空调系统的碰撞检查

使用"碰撞检查"工具可以快速准确地查找出项目中图元之间或
主体项目和链接建筑模型的图元之间的碰撞，并加以解决。

在绘制管道的过程中发现有管道发生碰撞时，需及时进行修改，
以减少设计、施工中出现的错误，提高工作效率。　　　　　　　视频：通风空调系
统的碰撞检查

（1）执行"模型"→"打开"命令，打开"打开"对话框，选取
前面章节创建的"一层通风空调系统.rvt"文件，单击"打开"按钮，
打开文件。

（2）单击"协作"选项卡，在"坐标"面板的"碰撞检查" 下拉列表中单击"运
行碰撞检查"按钮 ，打开如图 10-19 所示的"碰撞检查"对话框。

通过该对话框可以检查如下图元类别。

- "当前选择"与"链接建筑模型（包括嵌套链接建筑模型）"之间的碰撞检查。
- "当前项目"与"链接建筑模型（包括嵌套链接建筑模型）"之间的碰撞检查。
- 不能进行两个"链接建筑模型"之间的碰撞检查。

（3）在"类别来自"下拉列表中分别选择图元类别以进行碰撞检查，如在左侧"类
别来自"下拉列表中选择"当前项目"选项，在列表框中选择所有的类别。在右侧"类
别来自"下拉列表中选择"当前项目"选项，在列表框中选择所有的类别，如图 10-20

所示。单击"确定"按钮，执行碰撞检查操作。

图 10-19 "碰撞检查"对话框   图 10-20 选择同一类别

🔊 注意：

（1）碰撞检查的处理时间可能会有很大不同。在大建筑模型中，对所有类别进行相互检查费时较长，建议不要进行此类操作。要缩减处理时间，应选择有限的图元集或有限数量的类别。

（2）要对所有可用类别运行检查，需在"碰撞检查"对话框中单击"全选"按钮。

（3）单击"全部不选"按钮，将清除所有类别的选择。

（4）单击"反选"按钮，将在当前选定类别与未选定类别之间切换选择。

（4）此时系统打开"冲突报告"对话框，显示所有有冲突的类型，如图 10-21 所示。

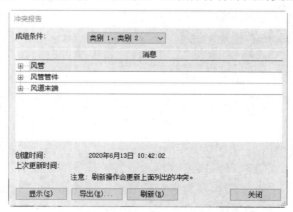

图 10-21 "冲突报告"对话框

（5）在对话框中选取冲突的组件，视图中将高亮显示，如图 10-22 所示。

（6）单击"导出"按钮，打开如图 10-23 所示的"将冲突报告导出为文件"对话框，输入"文件名"为"通风空调系统冲突报告"，其他采用默认设置，单击"保存"按钮，保存冲突报告。

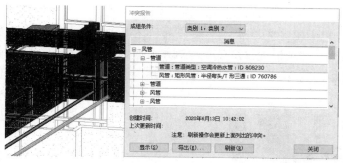

图 10-22　选取组件

图 10-23　"将冲突报告导出为文件"对话框

（7）打开上一步生成的冲突报告，显示所有发生冲突的组件，如图 10-24 所示。

冲突报告

冲突报告项目文件: G:\2020\revit\便民服务中心\一层通风空调系统.rvt
创建时间: 2020年6月13日 10:42:02
上次更新时间:

	A	B
1	风管管件: 矩形弯头 - 弧形 - 法兰: 1.0 W: ID 760758	风管: 矩形风管: 半径弯头/T 形三通: ID 760840
2	风管管件: 矩形弯头 - 弧形 - 法兰: 1.0 W: ID 760758	风管: 矩形风管: 半径弯头/T 形三通: ID 761994
3	风管: 矩形风管: 半径弯头/T形三通: ID 760786	风管: 矩形风管: 半径弯头/T 形三通: ID 760973
4	风管: 矩形风管: 半径弯头/T形三通: ID 760786	风管: 矩形风管: 半径弯头/T 形三通: ID 761840
5	风管: 矩形风管: 半径弯头/T形三通: ID 760786	风管: 矩形风管: 半径弯头/T 形三通: ID 761854
6	风管: 矩形风管: 半径弯头/T形三通: ID 760786	风管: 矩形风管: 半径弯头/T 形三通: ID 761870
7	风管: 矩形风管: 半径弯头/T形三通: ID 760786	风管: 矩形风管: 半径弯头/T 形三通: ID 762014
8	风管: 矩形风管: 半径弯头/T形三通: ID 760786	管道: 管道类型: 空调冷热水管: ID 807036
9	风管: 矩形风管: 半径弯头/T形三通: ID 760786	管道: 管道类型: 空调冷热水管: ID 808230
10	风管: 矩形风管: 半径弯头/T形三通: ID 760788	风管: 矩形风管: 半径弯头/T 形三通: ID 761966
11	风管: 矩形风管: 半径弯头/T形三通: ID 760788	风管: 矩形风管: 半径弯头/T 形三通: ID 761980
12	风管管件: 矩形变径管 - 角度 - 法兰: 30 度: ID 760790	风管: 矩形风管: 半径弯头/T 形三通: ID 760973
13	风管: 矩形风管: 半径弯头/T形三通: ID 760873	风管: 矩形风管: 半径弯头/T 形三通: ID 762028
14	风管: 矩形风管: 半径弯头/T形三通: ID 760873	风管: 矩形风管: 半径弯头/T 形三通: ID 762042
15	风管: 矩形风管: 半径弯头/T形三通: ID 760873	风管: 矩形风管: 半径弯头/T 形三通: ID 762056
16	风管: 矩形风管: 半径弯头/T形三通: ID 760873	风管: 矩形风管: 半径弯头/T 形三通: ID 762070
17	风管: 矩形风管: 半径弯头/T形三通: ID 761884	风管附件: 对开多叶风阀 - 矩形 - 手动: 1400x400 - 标记 40: ID 763034
18	风管: 矩形风管: 半径弯头/T形三通: ID 761884	风管: 矩形风管: 半径弯头/T 形三通: ID 763036
19	风管: 矩形风管: 半径弯头/T形三通: ID 761898	风管: 矩形风管: 半径弯头/T 形三通: ID 763036
20	风管: 矩形风管: 半径弯头/T形三通: ID 761916	风管: 矩形风管: 半径弯头/T 形三通: ID 763036
21	风管: 矩形风管: 半径弯头/T形三通: ID 761930	风管: 矩形风管: 半径弯头/T 形三通: ID 763036
22	风管: 矩形风管: 半径弯头/T形三通: ID 761944	风管: 矩形风管: 半径弯头/T 形三通: ID 763036
23	风管: 矩形风管: 半径弯头/T形三通: ID 763684	风管: 矩形风管: 半径弯头/T 形三通: ID 766564

图 10-24　冲突报告

（8）从图 10-22 中可以看出，管道和风管之间有干涉，应对管道进行编辑。单击"修改"选项卡，在"修改"面板中单击"拆分图元"按钮 （快捷键：SL），对管道进行拆分，如图 10-25 所示。

（9）选取与风管有干涉的管道和接头，按 Delete 键，将其删除。单击"系统"选项卡，在"卫浴和管道"面板中单击"管道"按钮 🔸（快捷键：PI），在选项栏中设置"直径"为"50.0mm"，捕捉管道端点，然后在选项栏中输入"中间高程"为"3000.0mm"，单击"应用"按钮，继续捕捉管道端点绘制水平管，直到风管另一侧的管道端点，完成管道创建，采用相同的方法，在另一根中间高程为 3414.0mm 的管道处创建避让管，如图 10-26 所示。

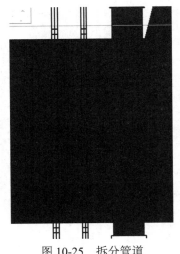

图 10-25　拆分管道

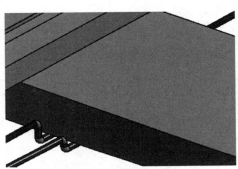

图 10-26　创建避让管

（10）单击"冲突报告"对话框中的"刷新"按钮，已经解决的冲突将不会在对话框中显示，并在对话框上显示更新时间，如图 10-27 所示。

图 10-27　刷新冲突

（11）采用相同的方法，继续解决其他组件冲突，然后单击"关闭"按钮，关闭对话框。

提示：

在左侧"类别来自"下拉列表中选择"链接模型"选项，在列表框中勾选"管件"和"管道"复选框，单击"确定"按钮，表示链接建筑模型与管件和管道之间进行碰撞检查。

如果先在绘图区中选择需要进行碰撞检查的图元，然后单击"协作"选项卡，在"坐标"面板的"碰撞检查" 下拉列表中单击"运行碰撞检查"按钮 ，打开"碰撞检查"对话框，则在该对话框中仅显示所选图元的名称。单击"确定"按钮，仅对所选图元进行碰撞检查。

如果管道之间没有碰撞，则执行上述操作后，弹出如图 10-28 所示的提示对话框，显示当前所选图元之间未检测到冲突。

图 10-28　提示对话框

提示：

机电管线应该在满足使用功能、路径合理、方便施工的原则下尽可能集中布置，使管线排布整齐、合理、美观。在管线复杂的区域应合理选用综合支吊架，从而减少支架的使用量，合理利用建筑物空间，同时降低施工成本。

管线优化的目的如下。

（1）做到综合管线初步定位及各专业之间无明显不合理的交叉。

（2）保证各类阀门及附件的安装空间。

（3）综合管线整体布局协调合理。

（4）保证合理的操作与检修空间。

下面介绍管线优化原则。

1）总则

（1）自上而下的一般顺序应为电→风、水。

（2）管线发生冲突需要调整时，应以不增加工程量为原则。

（3）对已有一次结构预留孔洞的管线，应尽量减少位置的移动。

（4）与设备连接的管线，应减少位置的水平及标高位移。

（5）布置时应考虑预留检修及二次施工的空间，将管线尽量提高，与吊顶间留出尽量多的空间。

（6）在保证满足设计和使用功能的前提下，管道、管线尽量暗装于管道井、电井、管廊、吊顶内。

（7）要求明装的尽可能将管线沿墙、梁、柱走向敷设，最好是成排、分层敷设布置。

2）一般原则

（1）小管让大管：小管绕弯容易，造价低。

（2）分支管让主干管：分支管一般管径较小，避让理由见第（1）条；另外，分支管的影响范围和重要性不如主干管。

（3）有压管让无压管（压力流管让重力流管）：无压管（或重力流管）改变坡度和流向，对流动影响较大。

（4）可弯管让不能弯的管。

（5）低压管让高压管：高压管造价高，强度要求也高。

（6）气体管让水管：水流动的动力消耗大。

（7）金属管让非金属管：金属管易弯曲、切割和连接。

（8）一般管道让通风管：通风管体积大，绕弯困难。

（9）阀件小的管让阀件多的管：考虑安装、操作、维护等因素。

（10）检修次数少的、方便的管让检修次数多的、不方便的管：考虑后期维护方面。

（11）常温管让高（低）温管（冷水管让热水管、非保温管让保温管）：高于常温要考虑排气；低于常温要考虑防结露保温。

（12）热水管在上，冷水管在下。

（13）给水管在上，排水管在下。

（14）电气管在上，水管在下，风管在中下。

（15）空调冷凝管、排水管对坡度有要求，应优先排布。

（16）空调风管、防排烟风管、空调水管、热水管等需保温的管要考虑保温空间。

（17）当冷热水管上下平行敷设时，冷水管应在热水管下方；当垂直平行敷设时，冷水管应在热水管右侧。

（18）水管不能水平敷设在桥架上方。

（19）在出入口位置尽量不安排管线，以免人流进出时给人压抑感。

（20）材质比较脆、不能上人的管安排在顶层。如复合风管必须安排在最上面，桥架安装、电缆敷设、水管安装等不影响风管的成品保护。

3）其他原则

（1）在综合布置管道时应首先考虑风管的标高和走向，同时考虑较大管径水管的布置，避免大口径水管和风管在同一房间内多次交叉，以减少水、风管转弯的次数。

（2）室内明敷给水管横干管与墙、地沟壁的净距不小于 100mm（《建筑给水排水及采暖工程施工质量验收规范》），与梁、柱净距不小于 50mm（此处无接头）（《建筑施工手册》第四版缩印版-26 建筑给水排水及采暖工程）。

（3）立管中心距柱表面不小于 50mm；与墙面的净距当管道公称直径 DN<32mm 时应不小于 25mm，DN=32~50mm 时应不小于 35mm，DN=75~100mm 时应不小于 50mm，DN=125~150mm 时应不小于 60mm。

（4）给水引入管与排水排出管的水平净距不得小于 1mm。室内给水与排水管平行敷设时，两管间的最小水平净距不得小于 0.5mm；交叉铺设时，垂直净距不得小于 0.15mm。给水管应铺在排水管上面，若给水管铺在排水管下面，则给水管应加套管，其长度不得小于排水管管径的 3 倍。

（5）并排排列的管道，阀门应错开位置。

（6）给水管与其他管的平行净距一般不应小于 300mm。

（7）当共用一个支架敷设时，管外壁（或保温层外壁）距墙面不宜小于 100mm，距梁、柱可减少至 50mm。电线管不能与风管或水管共用支吊架。

（8）在一般情况下，管道应尽量靠墙、柱、内侧布置，尽可能留出较多的维护空间。管道与管井墙面、柱面的最小距离，管道间的最小布置距离应满足检修和维护要求。

①管道外表面或隔热层外表面与构筑物、建筑物（柱、梁、墙等）的最小净距不应小于 100mm。

②法兰外缘与构筑物、建筑物的最小净距不应小于 50mm。

③阀门手轮外缘之间及手轮外缘与构筑物、建筑物之间的净距不应小于 100mm。

④无法兰裸管，管外壁的净距不应小于 50mm。

⑤无法兰有隔热层管，管外壁至邻管隔热层外表面的净距或隔热层外表面至邻管隔热层外表面的净距不应小于 50mm。

⑥法兰裸管，管外壁至邻管法兰外缘的净距不应小于 25mm，等等。

10.3　系 统 分 析

10.3.1　系统检查器

视频：系统检查器

使用"系统检查器"可检查系统的特定部分或子部分。当某个部分或子部分高亮显示时，检查器会显示该部分的压力损失、静压和流量的相关信息。系统的连接情况必须保持良好，才能访问"系统检查器"。

（1）单击快速访问工具栏中的"打开"按钮 📂（快捷键：Ctrl+O），打开前面章节创建的"空调系统"文件。

（2）选取空调系统中的任意风机盘管，单击"修改|机械设备"选项卡，在"分析"面板中单击"系统检查器"按钮 🔢，打开如图 10-29 所示的"选择系统"对话框，选择"循环供水 1"选项，单击"确定"按钮，打开如图 10-30 所示的"系统检查器"面板，高亮显示循环供水系统。

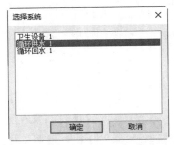

图 10-29 "选择系统"对话框

图 10-30 "系统检查器"面板

（3）单击"检查"按钮，沿着系统长度显示的箭头标明了流向。高亮显示系统中某个部分或子部分。该流量、静压和压力损失信息显示为高亮显示区域的标记。箭头和标志都经过了彩色编码，如图 10-31 所示。

（4）单击管道可显示视图中的流量信息，如图 10-32 所示。在单击另一个部分或子部分，或者关闭系统检查器之前，将一直显示该信息。

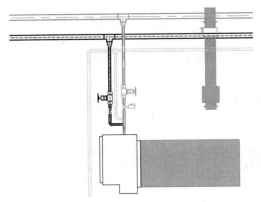

图 10-31 显示流量、静压和压力损失信息

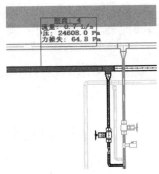

图 10-32 显示流量信息

（5）单击"完成"按钮，应用修改；如果单击"取消"按钮，则退出系统检查器，不将这些修改应用到系统。

10.3.2 调整风管/管道大小

（1）选取空调系统中的任意管道，这里选取供水系统中的任意支管，单击"修改|风管"选项卡，在"分析"面板中单击"调整风管/管道大小"按钮，打开如图 10-33 所示的"调整管道大小"对话框。

视频：调整风管/
管道大小

图 10-33　"调整管道大小"对话框

"调整管道大小"对话框中的选项说明如下。

- 调整大小方法：Revit 提供了四种调整风管尺寸的标准方法，摩擦、速度、相等摩擦和静态恢复。如果仅选择"摩擦"和"速度"中的一种，则只能基于其中一种方法，或者基于摩擦与/或速度方法的逻辑组合调整大小。如果同时选择这两种方法，则管道尺寸必须同时满足摩擦和速度值，如图 10-34 所示。

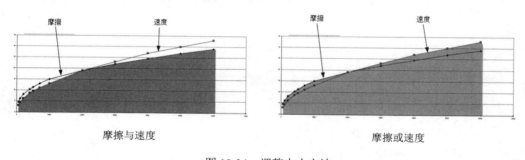

图 10-34　调整大小方法

- 仅：根据专用于选定方法（"速度"或"摩擦"）的参数调整风管大小。
- 与：强制调整风管的大小，以满足用户为"速度"或"摩擦"指定的参数。
- 或：根据"速度"或"摩擦"参数的最低限制调整风管的大小。
- 调整支管大小：指定限制风管管段尺寸的条件，包括仅计算大小、匹配连接件大小和连接件和计算值中的较大者。

  ➢ 仅计算大小：风管管段尺寸由选定的调整大小方法确定，不受其他条件的约束。

  ➢ 匹配连接件大小：支管中选定风管管段尺寸由支管和干管之间的连接件的大小决定，上限是管网中的第一个连接。

  ➢ 连接件和计算值中的较大者：选定风管管段尺寸由两个决定因素中的较大者决定。如果连接件的大小小于按照调整大小和调整大小方法计算的大小，则使用计算值的大小。如果连接件的大小大于按照调整大小和调整大小方法计算的大小，则使用连接件的大小。

（2）在对话框中设置"调整大小方法"为"速度"，单击"仅"单选按钮，输入数值 2.0m/s，系统会根据输入数值重新计算，调整管道大小，如图 10-35 所示。

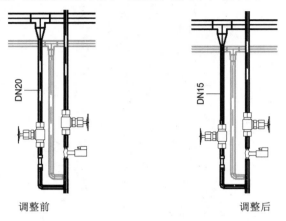

调整前　　　　　　　　　　　调整后

图 10-35　调整管道大小

10.4　上 机 操 作

1．目的要求

对如图 10-36 所示的管道系统进行系统检查。

2．操作提示

（1）利用"检查管道系统"命令检查系统。

（2）根据警示标记和信息修改管道。

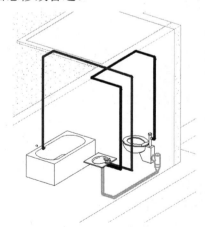

图 10-36　管道系统

第11章

工程量统计

知识导引

工程量统计通过明细表实现。通过定制明细表，用户可以从创建的建筑模型中获取项目应用所需的各类项目信息，然后以表格的形式表达。

本章主要介绍送风系统风管压力损失报告、空调系统管道压力损失报告及明细表的创建、修改和导出方法。

‖ 11.1 报 告 ‖

可以为项目中的风管或管道系统生成压力损失报告。

11.1.1 送风系统风管压力损失报告

视频：送风系统风
管压力损失报告

（1）单击快速访问工具栏中的"打开"按钮 📂（快捷键：Ctrl+O），打开"送风系统"文件。

（2）单击"分析"选项卡，在"报告和明细表"面板中单击"风管压力损失报告"按钮 📇，或者按 F9 键，打开系统浏览器，如图 11-1 所示。在送风系统上右击，打开如图 11-2 所示的快捷菜单，选择"风管压力损失报告"选项。

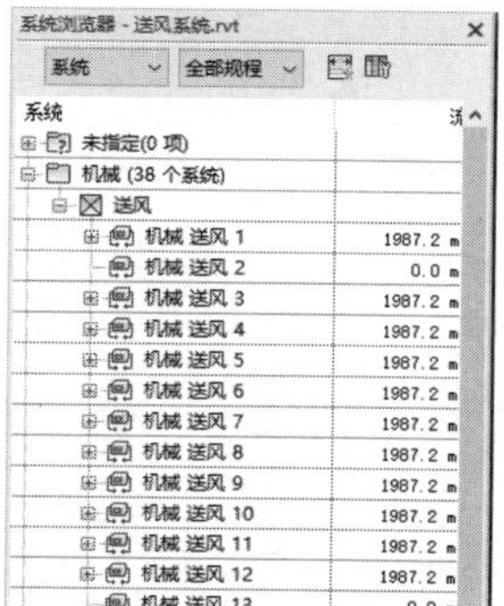

图 11-1 系统浏览器

图 11-2 快捷菜单

（3）此时系统打开"风管压力损失报告-系统选择器"对话框，在该对话框中勾选一个或多个系统复选框，如图 11-3 所示。

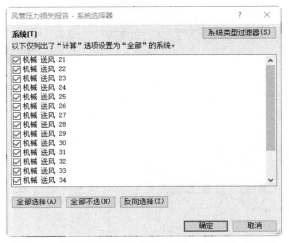

图 11-3 "风管压力损失报告-系统选择器"对话框

注意：
系统的连接必须完好才能生成压力损失报告。

（4）单击"确定"按钮，打开如图 11-4 所示的"风管压力损失报告设置"对话框，如果以前在该对话框中保存了报告格式，则可以从"报告格式"下拉列表中选择。

（5）也可以新建报告格式，单击"保存"按钮，打开如图 11-5 所示的"保存报告格式"对话框，输入"格式名称"，单击"确定"按钮。

图 11-4 "风管压力损失报告设置"对话框

图 11-5 "保存报告格式"对话框

（6）在"可用字段"列表框中选择要包含在报告中的字段，这里分别选取"宽度"

"高度"，单击"添加"按钮 添加--> ，将其添加到"报告字段"列表框中，如图 11-6 所示。也可以选择"报告字段"列表框中不需要的字段，单击"删除"按钮 <-- 删除 ，将其从"报告字段"列表框中删除。单击"上移"按钮 上移 或"下移"按钮 下移 ，可以调整字段的顺序。

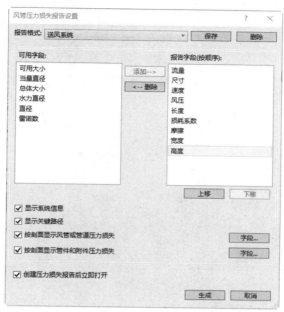

图 11-6　添加字段

（7）其他采用默认设置，单击"生成"按钮，打开如图 11-7 所示的"另存为"对话框，输入"文件名"为"送风系统风管压力报告"，将文件扩展名指定为"HTML"或"CSV"，单击"保存"按钮，生成的风管压力损失报告如图 11-8 所示。

图 11-7　"另存为"对话框

风管压力损失报告

项目名称	项目名称
项目发布日期	出图日期
项目状态	项目状态
客户姓名	所有者
项目地址	请在此处输入地址
项目编号	项目编号
组织名称	
组织描述	
建筑名称	
作者	
运行时间	2020/12/31 8:55:41

机械 送风 21

系统信息

系统分类	送风
系统类型	送风
系统名称	机械 送风 21
缩写	

总压力损失(按剖面)

剖面	图元	流量	尺寸	速度	风压	长度	损耗系数	摩擦	宽度	高度	总压力损失	剖面压力损失
1	管件	2599.2 m³/h	-	0.0 m/s	21.8 Pa	-	0.812952	-	-	-	17.7 Pa	25.3 Pa
	风道末端	2599.2 m³/h	-	-	-	-	-	-	-	-	7.7 Pa	
2	风管	2599.2 m³/h	630x120	9.6 m/s	-	1007	-	5.30 Pa/m	630	120	5.3 Pa	8.7 Pa
	管件	2599.2 m³/h		9.6 m/s	54.8 Pa	-	0.061685	-	-	-	3.4 Pa	

重要路径：2-1；总压力损失：34.1 Pa

直线线段的详细信息(按剖面)

剖面	图元 ID	流量	尺寸	速度	风压	长度	压力损失	总压力损失
2	742273	2599.2 m³/h	630x120	9.6 m/s	54.8 Pa	162	0.9 Pa	5.3 Pa
	757980	2599.2 m³/h	630x120	9.6 m/s	54.8 Pa	846	4.5 Pa	

管件和附件损耗系数概要(按剖面)

剖面	图元 ID	损失方法	ASHRAE 表	损耗系数	压力损失	总压力损失
1	751323	ASHRAE 表中的系数	SR4-1	0.812952	17.7 Pa	17.7 Pa
2	751323	ASHRAE 表中的系数	SR4-1	0	0.0 Pa	3.4 Pa
	757978	ASHRAE 表中的系数	CR9-1	0.061685	3.4 Pa	

图 11-8　风管压力损失报告

11.1.2　空调系统管道压力损失报告

视频：空调系统管
道压力损失报告

（1）单击快速访问工具栏中的"打开"按钮（快捷键：Ctrl+O），
打开"空调系统"文件。

（2）单击"分析"选项卡，在"报告和明细表"面板中单击"管
道压力损失报告"按钮，打开"管道压力损失报告-系统选择器"对话框，单击"全部
选择"按钮，勾选全部的系统复选框，如图 11-9 所示。

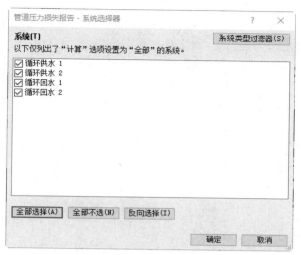

图 11-9　"管道压力损失报告-系统选择器"对话框

注意：

系统的连接必须完好才能生成压力损失报告。

（3）单击"确定"按钮，打开"管道压力损失报告设置"对话框，在"可用字段"列表框中选择"直径"字段，单击"添加"按钮 添加--> ，将其添加到"报告字段"列表框，在"报告字段"列表框中选择"风压"字段，单击"删除"按钮 <-- 删除 ，将其从"报告字段"列表框中删除，如图 11-10 所示。

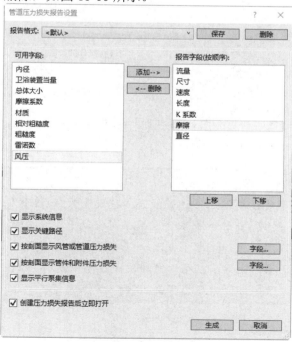

图 11-10　"管道压力损失报告设置"对话框

（4）其他采用默认设置，单击"生成"按钮，打开"另存为"对话框，输入"文件名"为"空调系统管道压力报告"，将文件扩展名指定为"HTML"，单击"保存"按钮，生成的管道压力损失报告如图 11-11 所示。

管道压力损失报告

项目名称	项目名称
项目发布日期	出图日期
项目状态	项目状态
客户姓名	所有者
项目地址	请在此处输入地址
项目编号	项目编号
组织名称	
组织描述	
建筑名称	
作者	
运行时间	2020/12/31 9:22:41

循环供水 1

系统信息

系统分类	循环供水
系统类型	循环供水
系统名称	循环供水 1
缩写	
流体类型	水
流体温度	4 ℃
流体动态粘度	0.00156 Pa·s
流体密度	999.8725 kg/m³

总压力损失(按剖面)

剖面	图元	流量	尺寸	速度	长度	K 系数	摩擦	直径	总压力损失	剖面压力损失
2	管道	0.2 L/s	20 mm	0.5 m/s	1086	-	201.31 Pa/m	20 mm	218.6 Pa	
	管件	0.2 L/s	-	0.5 m/s	-	1.482047	-	-	173.9 Pa	24392.5 Pa
	设备	0.2 L/s	-	-	-	-	-	-	24000.0 Pa	
3	管件	0.2 L/s	-	0.1 m/s	-	1.51	-	-	52.0 Pa	52.0 Pa
4	管道	0.7 L/s	65 mm	0.2 m/s	4533	-	13.22 Pa/m	65 mm	62.3 Pa	64.8 Pa
	管件	0.7 L/s	-	0.2 m/s	-	0	-	-	2.6 Pa	
5	管道	0.6 L/s	65 mm	0.2 m/s	7375	-	8.41 Pa/m	65 mm	64.1 Pa	70.0 Pa

图 11-11　管道压力损失报告

注意：

（1）如果系统中管道类型属性的"计算"被设置为"仅流量"或"无"，如图 11-12 所示，则会显示一条警告，或者系统不会显示在列表框中。

（2）无法为消防系统或自流管系统（如卫生系统）生成压力损失报告。例如，在系统浏览器的"卫生设备"上右击，在弹出的快捷菜单中没有"管道压力损失报告"选项，如图 11-13 所示，无法生成管道压力损失报告。

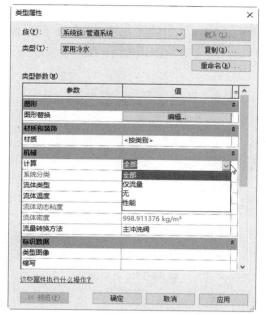

图 11-12　设置计算方式

图 11-13　无法生成管道压力损失报告

‖ 11.2　明　细　表 ‖

明细表以表格形式显示信息，这些信息是从项目中的图元属性中提取的。明细表中可以列出要编制明细表的图元类型的每个实例，或者根据明细表的成组标准将多个实例压缩到一行。

明细表是建筑模型的另一种视图。可以在设计过程中的任何时候创建明细表，还可以将明细表添加到图纸中，也可以将明细表导出到其他软件程序中，如电子表格程序。

如果对建筑模型的修改会影响明细表，则明细表将自动更新以反映这些修改。例如，如果调整管道的高程或管径大小，则管道明细表中的高程和大小也会相应更新。

修改建筑模型中建筑构件的属性时，相关明细表会自动更新。例如，可以在建筑模型中选择一条管道并修改其制造商属性，管道明细表将反映制造商属性的变化。

与其他任何视图一样，可以在 Revit 中创建和修改明细表。

11.2.1　创建自动喷水灭火系统管道明细表

（1）单击快速访问工具栏中的"打开"按钮 ▷（快捷键：Ctrl+O），打开"自动喷水灭火系统"文件。

（2）单击"分析"选项卡，在"报告和明细表"面板中单击"明细表/数量"按钮，

视频：创建自动喷水
灭火系统管道明细表

打开"新建明细表"对话框,如图 11-14 所示。

(3)在"类别"列表框中选择"管道"选项,输入"名称"为"自动喷水灭火系统管道明细表",单击"建筑构件明细表"单选按钮,其他采用默认设置,如图 11-15 所示。

图 11-14 "新建明细表"对话框

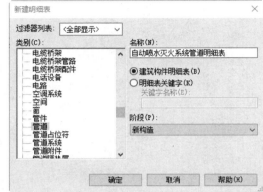

图 11-15 设置参数

(4)单击"确定"按钮,打开"明细表属性"对话框,单击"字段"选项卡,在"选择可用的字段"下拉列表中选择"管道"选项,在"可用的字段"列表框中选择"系统分类"字段,单击"添加参数"按钮 ⮯,将其添加到"明细表字段"列表框,采用相同的方法,将"直径""长度""材质""规格/类型""底部高程""合计"字段添加到"明细表字段"列表,单击"上移"按钮 ⯅ 和"下移"按钮 ⯆,调整"明细表字段"列表框中字段的顺序,如图 11-16 所示。

图 11-16 "明细表属性"对话框

"明细表属性"对话框中"字段"选项卡的选项说明如下。

- "可用的字段"：显示"选择可用的字段"下拉列表的选项中所有可以在明细表中显示的实例参数和类型参数。
- 明细表字段：显示添加到明细表的参数。
- 添加参数 ⇒：将参数添加到"明细表字段"列表框。
- 移除参数 ⇐：从"明细表字段"列表中删除字段，移除合并参数时，合并参数会被删除。
- 上移 ⬆ 和下移 ⬇：将列表框中的字段上移或下移。
- 新建参数 ⬆：添加自定义字段。单击此按钮，打开"参数属性"对话框，选择是"添加项目参数"还是"共享参数"。
- 包含链接中的图元：勾选此复选框，在"可用的字段"列表框中包含链接建筑模型中的图元。
- 添加计算参数 f_x：单击此按钮，打开如图 11-17 所示的"计算值"对话框。

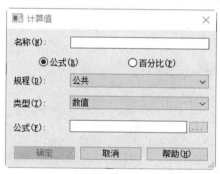

图 11-17　"计算值"对话框

> 在对话框中输入字段的名称，设置其类型，然后对其输入使用明细表中现有字段的公式。例如，如果要根据房间面积计算占用负荷，则可以添加一个根据"面积"字段计算而来的称为"占用负荷"的自定义字段。公式支持和族编辑器中一样的数学功能。

> 在对话框中输入字段的名称，将其类型设置为百分比，然后输入要取其百分比的字段的名称。例如，如果按楼层对房间明细表进行成组，则可以显示该房间占楼层总面积的百分比。在默认情况下，百分比是根据整个明细表的总数计算出来的。如果在"排序/成组"选项卡中设置"成组"字段，则可以选择此处的一个字段。

- 合并参数 📋：合并单个字段中的参数。单击此按钮，打开如图 11-18 所示的"合并参数"对话框，选择要合并的参数及可选的"前缀""后缀""分隔符"。

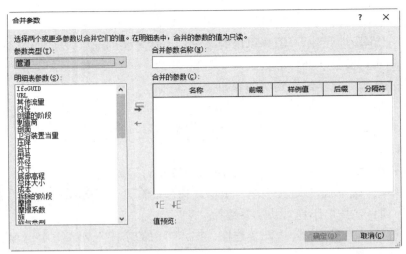

图 11-18 "合并参数"对话框

（5）在"排序/成组"选项卡中设置"排序方式"为"规格/类型"，单击"升序"单选按钮，勾选"逐项列举每个实例"复选框，如图 11-19 所示。

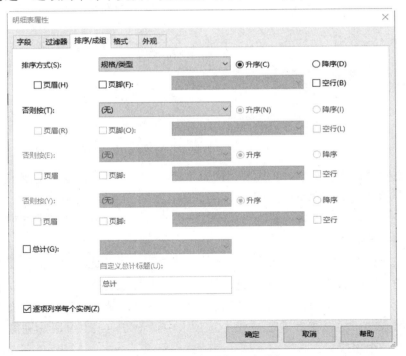

图 11-19 "排序/成组"选项卡

"排序/成组"选项卡中的选项说明如下。

- 排序方式：单击"升序"或"降序"单选按钮。
- 否则按：在此设置的条件作为第二种排序方式对明细表进行升序和降序排列。
- 页眉：勾选此复选框，将排序参数值添加作为排序组的页眉。

- 页脚：勾选此复选框，在排序组下方添加页脚信息。
- 空行：勾选此复选框，在排序组间插入一空行。
- 总计：勾选此复选框，在明细表的底部显示总计的概要。
- 逐项列举每个实例：勾选此复选框，在单独的行中显示图元的所有实例。取消勾选此复选框，则多个实例会根据排序参数压缩到同一行。

（6）在"格式"选项卡中选择"系统分类"字段，设置"对齐"为"中心线"，采用相同的方法，分别设置所有字段的"对齐"为"中心线"，如图 11-20 所示。

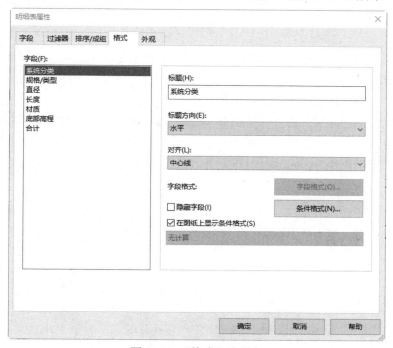

图 11-20　"格式"选项卡

"格式"选项卡中的选项说明如下。

- 标题方向：指定列标题在图纸上的方向，包括水平和垂直。
- 对齐：对齐列中的文字，包括左、中心线和右。
- 字段格式：设置数值字段的单位和外观格式。单击此按钮，打开"格式"对话框，取消勾选"使用项目设置"复选框，调整数值格式。必须选择带有数值和单位的字段，此按钮才能处于激活状态。
- 条件格式：基于一组条件高亮显示明细表中的单元格。条件格式可以替代明细表中的"斑马纹"设置。单击此按钮，打开"条件格式"对话框，如图 11-21 所示，在该对话框中设置"条件"和"背景颜色"。
- 隐藏字段：隐藏明细表中的某个字段。如果要按照某个字段对明细表进行排序，但是又不希望在明细表中显示该字段，则可以勾选此复选框。

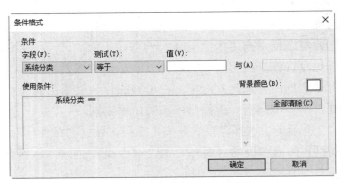

图 11-21 "条件格式"对话框

- 在图纸上显示条件格式：勾选此复选框，选择的字段格式将显示在图纸中，也可以打印出来。

（7）在"外观"选项卡的"图形"选区中勾选"网格线""轮廓"复选框，设置"网格线"为"细线"，"轮廓"为"中粗线"，取消勾选"页眉/页脚/分隔符中的网格""数据前的空行"复选框，在"文字"选区中勾选"显示标题""显示页眉"复选框，分别设置"标题文本""标题"为"5mm 常规_仿宋"，"正文"为"3.5mm 常规_仿宋"，如图 11-22所示。

图 11-22 "外观"选项卡

"外观"选项卡中的选项说明如下。

- 网格线：勾选此复选框，在明细表周围显示网格线。从下拉列表中选择网格线样式。
- 轮廓：勾选此复选框，在明细表周围显示轮廓线。从下拉列表中选择轮廓样式。
- 页眉/页脚/分隔符中的网格：将垂直网格线延伸至页眉、页脚和分隔符。

- 数据前的空行：勾选此复选框，在数据行前插入空行。它会影响图纸上的明细表数据部分和明细表视图。
- 显示标题：显示明细表的标题。
- 显示页眉：显示明细表的页眉。
- 标题文本/标题/正文：在其下拉列表中选择文字类型。如有需要，可以创建新的文字类型。

（8）在对话框中单击"确定"按钮，完成明细表属性设置。系统自动生成"自动喷水灭火系统管道明细表"，如图 11-23 所示。

（9）执行"文件"→"另存为"→"项目"命令，打开"另存为"对话框，指定保存位置并输入文件名，单击"保存"按钮。

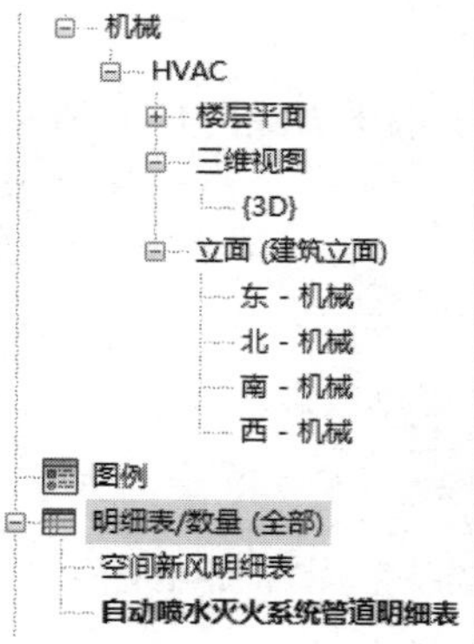

<自动喷水灭火系统管道明细表>

A	B	C	D	E	F	G
系统分类	规格/类型	直径	长度	材质	底部高程	合计
湿式消防系统	CECS 125	150.0 mm	16	钢塑复合	-583	1
湿式消防系统	CECS 125	150.0 mm	1728	钢塑复合	-583	1
湿式消防系统	CECS 125	150.0 mm	369	钢塑复合	3718	1
湿式消防系统	CECS 125	150.0 mm	2448	钢塑复合	1200	1
湿式消防系统	CECS 125	150.0 mm	54273	钢塑复合	3718	1
湿式消防系统	CECS 125	150.0 mm	15276	钢塑复合	3718	1
湿式消防系统	CECS 125	150.0 mm	4021	钢塑复合	3718	1
湿式消防系统	CECS 125	150.0 mm	3962	钢塑复合	-305	1
湿式消防系统	CECS 125	150.0 mm	396	钢塑复合	-583	1
湿式消防系统	CECS 125	150.0 mm	2948	钢塑复合	-583	1
湿式消防系统	CECS 125	150.0 mm	309	钢塑复合	3718	1
湿式消防系统	CECS 125	150.0 mm	2448	钢塑复合	1200	1
湿式消防系统	CECS 125	150.0 mm	1402	钢塑复合	3718	1
湿式消防系统	CECS 125	150.0 mm	53450	钢塑复合	3718	1
湿式消防系统	CECS 125	150.0 mm	15327	钢塑复合	3718	1
湿式消防系统	CECS 125	150.0 mm	3962	钢塑复合	-305	1
湿式消防系统	CECS 125	150.0 mm	333	钢塑复合	3718	1
湿式消防系统	CECS 125	100.0 mm	165	钢塑复合	3743	1
湿式消防系统	CECS 125	80.0 mm	302	钢塑复合	3756	1
湿式消防系统	CECS 125	50.0 mm	4587	钢塑复合	3770	1
湿式消防系统	CECS 125	32.0 mm	2122	钢塑复合	3779	1
湿式消防系统	CECS 125	32.0 mm	668	钢塑复合	3779	1
湿式消防系统	CECS 125	150.0 mm	255	钢塑复合	3718	1
湿式消防系统	CECS 125	80.0 mm	2235	钢塑复合	3756	1
湿式消防系统	CECS 125	150.0 mm	63	钢塑复合	3718	1
湿式消防系统	CECS 125	150.0 mm	660	钢塑复合	3718	1
湿式消防系统	CECS 125	150.0 mm	800	钢塑复合	3718	1
湿式消防系统	CECS 125	150.0 mm	3283	钢塑复合	3718	1
湿式消防系统	CECS 125	150.0 mm	503	钢塑复合	3718	1
湿式消防系统	CECS 125	80.0 mm	1913	钢塑复合	3756	1
湿式消防系统	CECS 125	150.0 mm	205	钢塑复合	3943	1
湿式消防系统	CECS 125	150.0 mm	196	钢塑复合	3952	1
湿式消防系统	CECS 125	150.0 mm	698	钢塑复合	4218	1
湿式消防系统	CECS 125	150.0 mm	196	钢塑复合	3952	1
湿式消防系统	CECS 125	150.0 mm	205	钢塑复合	3943	1
湿式消防系统	CECS 125	150.0 mm	8450	钢塑复合	3718	1
湿式消防系统	CECS 125	150.0 mm	4742	钢塑复合	3718	1
湿式消防系统	CECS 125	150.0 mm	690	钢塑复合	4218	1

项目浏览器：
- 机械
  - HVAC
    - 楼层平面
    - 三维视图
      - {3D}
    - 立面 (建筑立面)
      - 东 - 机械
      - 北 - 机械
      - 南 - 机械
      - 西 - 机械
- 图例
- 明细表/数量 (全部)
  - 空间新风明细表
  - 自动喷水灭火系统管道明细表

图 11-23　生成明细表

11.2.2　修改自动喷水灭火系统管道明细表

修改明细表并设置其格式可提高可读性，提供所需的特定信息以记录和管理建筑模型。其中图形柱明细表是视觉明细表的一个独特类型，不能像标准明细表那样修改。

视频：修改自动喷水灭火系统管道明细表

（1）在明细表中选取任意单元格，打开如图 11-24 所示的"修改明细表/数量"选项卡。

图 11-24 "修改明细表/数量"选项卡

"修改明细表/数量"选项卡中的选项说明如下。

- 插入：将列添加到正文。单击此按钮，打开"选择字段"对话框，其作用类似于"明细表属性"对话框的"字段"选项卡。添加新的明细表字段，并根据需要调整字段的顺序。
- 插入数据行：将数据行添加到房间明细表、面积明细表、关键字明细表、空间明细表或图纸列表。新行显示在明细表的底部。
- 在选定位置上方或在选定位置下方：在选定位置的上方或下方插入空行。在"配电盘明细表样板"中插入行的方式有所不同。
- 删除列：选择多个单元格，单击此按钮，删除列。
- 删除行：选择一行或多行中的单元格，单击此按钮，删除行。
- 隐藏：选择一个单元格或列页眉，单击此按钮，隐藏选中单元格的一列，单击"取消隐藏 全部"按钮，显示隐藏的列。隐藏的列不会显示在明细表视图或图纸中，位于隐藏列中的值可以过滤、排序和分组明细表中的数据。
- 调整列：选取单元格，单击此按钮，打开如图 11-25 所示的"调整柱尺寸"对话框，输入"尺寸"，单击"确定"按钮，根据对话框中的值调整列宽。如果选择多个列，则将它们全部设置为一个尺寸。
- 调整行：选择标题部分中的一行或多行，单击此按钮，打开如图 11-26 所示的"调整行高"对话框，输入"尺寸"，单击"确定"按钮，根据对话框中的值调整行高。

图 11-25 "调整柱尺寸"对话框

图 11-26 "调整行高"对话框

- 合并/取消合并：选择要合并的页眉单元格，单击此按钮，合并单元格；再次单击此按钮，取消合并的单元格。
- 插入图像：将图形插入到标题部分的单元格。
- 清除单元格：删除标题单元格中的参数。
- 着色：设置单元格的背景颜色。
- 边界：单击此按钮，打开如图 11-27 所示的"编辑边框"对话框，为单元格指定线样式和边框。

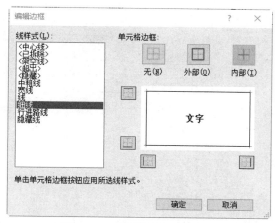

图 11-27　"编辑边框"对话框

- 重置：删除与选定单元格关联的所有格式，条件格式保持不变。

（2）按住鼠标左键并拖动鼠标选取"直径"和"长度"单元格，单击"修改明细表/数量"选项卡，在"外观"面板中单击"成组"按钮，合并生成新标头单元格，如图 11-28 所示。

（3）单击新标头单元格，进入文字输入状态，输入"文字"为"尺寸"，如图 11-29 所示。

A	B	C	D	E	F	G
系统分类	规格/类型	直径	长度	材质	底部高程	合计
湿式消防系统	CECS 125	150.0 mm	16	钢塑复合	-583	1
湿式消防系统	CECS 125	150.0 mm	1728	钢塑复合	-583	1
湿式消防系统	CECS 125	150.0 mm	369	钢塑复合	3718	1
湿式消防系统	CECS 125	150.0 mm	2448	钢塑复合	1200	1
湿式消防系统	CECS 125	150.0 mm	54273	钢塑复合	3718	1
湿式消防系统	CECS 125	150.0 mm	15276	钢塑复合	3718	1
湿式消防系统	CECS 125	150.0 mm	4021	钢塑复合	3718	1

<自动喷水灭火系统管道明细表>

图 11-28　生成新标头单元格

A	B	C	D	E	F	G
		尺寸				
系统分类	规格/类型	直径	长度	材质	底部高程	合计
湿式消防系统	CECS 125	150.0 mm	16	钢塑复合	-583	1
湿式消防系统	CECS 125	150.0 mm	1728	钢塑复合	-583	1
湿式消防系统	CECS 125	150.0 mm	369	钢塑复合	3718	1
湿式消防系统	CECS 125	150.0 mm	2448	钢塑复合	1200	1
湿式消防系统	CECS 125	150.0 mm	54273	钢塑复合	3718	1
湿式消防系统	CECS 125	150.0 mm	15276	钢塑复合	3718	1
湿式消防系统	CECS 125	150.0 mm	4021	钢塑复合	3718	1

<自动喷水灭火系统管道明细表>

图 11-29　输入"文字"为"尺寸"

（4）选取材质列，单击"修改明细表/数量"选项卡，在"列"面板中单击"合并参数"按钮，打开"合并参数"对话框，在"明细表参数"列表框中分别选择"材质"和"规格/类型"参数，单击"添加参数"按钮，将其添加到"合并的参数"列表框中，输入合并参数"名称"为材料名称，删除分隔符，如图 11-30 所示，单击"确定"按钮，更改后的明细表，如图 11-31 所示。

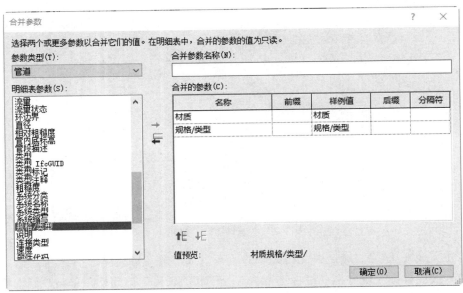

图 11-30 "合并参数"对话框

<自动喷水灭火系统管道明细表>						
A	B	C	D	E	F	G
		尺寸				
系统分类	规格/类型	直径	长度	材料名称	底部高程	合计
湿式消防系统	CECS 125	150.0 mm	16	钢塑复合CECS 12	-583	1
湿式消防系统	CECS 125	150.0 mm	1728	钢塑复合CECS 12	-583	1
湿式消防系统	CECS 125	150.0 mm	369	钢塑复合CECS 12	3718	1
湿式消防系统	CECS 125	150.0 mm	2448	钢塑复合CECS 12	1200	1
湿式消防系统	CECS 125	150.0 mm	54273	钢塑复合CECS 12	3718	1
湿式消防系统	CECS 125	150.0 mm	15276	钢塑复合CECS 12	3718	1
湿式消防系统	CECS 125	150.0 mm	4021	钢塑复合CECS 12	3718	1
湿式消防系统	CECS 125	150.0 mm	3962	钢塑复合CECS 12	-305	1
湿式消防系统	CECS 125	150.0 mm	396	钢塑复合CECS 12	-583	1
湿式消防系统	CECS 125	150.0 mm	2948	钢塑复合CECS 12	-583	1
湿式消防系统	CECS 125	150.0 mm	309	钢塑复合CECS 12	3718	1
湿式消防系统	CECS 125	150.0 mm	2448	钢塑复合CECS 12	1200	1
湿式消防系统	CECS 125	150.0 mm	1402	钢塑复合CECS 12	3718	1
湿式消防系统	CECS 125	150.0 mm	53450	钢塑复合CECS 12	3718	1
湿式消防系统	CECS 125	150.0 mm	15327	钢塑复合CECS 12	3718	1
湿式消防系统	CECS 125	150.0 mm	3962	钢塑复合CECS 12	-305	1
湿式消防系统	CECS 125	150.0 mm	333	钢塑复合CECS 12	3718	1
湿式消防系统	CECS 125	100.0 mm	165	钢塑复合CECS 12	3743	1
湿式消防系统	CECS 125	80.0 mm	302	钢塑复合CECS 12	3756	1
湿式消防系统	CECS 125	50.0 mm	4587	钢塑复合CECS 12	3770	1
湿式消防系统	CECS 125	32.0 mm	2122	钢塑复合CECS 12	3779	1
湿式消防系统	CECS 125	32.0 mm	668	钢塑复合CECS 12	3779	1
湿式消防系统	CECS 125	150.0 mm	255	钢塑复合CECS 12	3718	1
湿式消防系统	CECS 125	80.0 mm	2235	钢塑复合CECS 12	3756	1
湿式消防系统	CECS 125	150.0 mm	63	钢塑复合CECS 12	3718	1
湿式消防系统	CECS 125	150.0 mm	660	钢塑复合CECS 12	3718	1
湿式消防系统	CECS 125	150.0 mm	800	钢塑复合CECS 12	3718	1
湿式消防系统	CECS 125	150.0 mm	3283	钢塑复合CECS 12	3718	1
湿式消防系统	CECS 125	150.0 mm	503	钢塑复合CECS 12	3718	1
湿式消防系统	CECS 125	80.0 mm	1913	钢塑复合CECS 12	3756	1
湿式消防系统	CECS 125	150.0 mm	205	钢塑复合CECS 12	3943	1

图 11-31 更改后的明细表

（5）选取"规格/类型"列，单击"修改明细表/数量"选项卡，在"列"面板中单击
"删除"按钮，将选中的列删除，结果如图 11-32 所示。

<自动喷水灭火系统管道明细表>

A	B	C	D	E	F
	尺寸				
系统分类	直径	长度	材料名称	底部高程	合计
湿式消防系统	150.0 mm	16	钢塑复合CECS 12	-583	1
湿式消防系统	150.0 mm	1728	钢塑复合CECS 12	-583	1
湿式消防系统	150.0 mm	369	钢塑复合CECS 12	3718	1
湿式消防系统	150.0 mm	2448	钢塑复合CECS 12	1200	1
湿式消防系统	150.0 mm	54273	钢塑复合CECS 12	3718	1
湿式消防系统	150.0 mm	15276	钢塑复合CECS 12	3718	1
湿式消防系统	150.0 mm	4021	钢塑复合CECS 12	3718	1
湿式消防系统	150.0 mm	3962	钢塑复合CECS 12	-305	1
湿式消防系统	150.0 mm	396	钢塑复合CECS 12	-583	1
湿式消防系统	150.0 mm	2948	钢塑复合CECS 12	-583	1
湿式消防系统	150.0 mm	309	钢塑复合CECS 12	3718	1
湿式消防系统	150.0 mm	2448	钢塑复合CECS 12	1200	1
湿式消防系统	150.0 mm	1402	钢塑复合CECS 12	3718	1
湿式消防系统	150.0 mm	53450	钢塑复合CECS 12	3718	1
湿式消防系统	150.0 mm	15327	钢塑复合CECS 12	3718	1
湿式消防系统	150.0 mm	3962	钢塑复合CECS 12	-305	1
湿式消防系统	150.0 mm	333	钢塑复合CECS 12	3718	1
湿式消防系统	100.0 mm	165	钢塑复合CECS 12	3743	1
湿式消防系统	80.0 mm	302	钢塑复合CECS 12	3756	1
湿式消防系统	50.0 mm	4587	钢塑复合CECS 12	3770	1
湿式消防系统	32.0 mm	2122	钢塑复合CECS 12	3779	1
湿式消防系统	32.0 mm	668	钢塑复合CECS 12	3779	1
湿式消防系统	150.0 mm	255	钢塑复合CECS 12	3718	1
湿式消防系统	80.0 mm	2235	钢塑复合CECS 12	3756	1
湿式消防系统	150.0 mm	63	钢塑复合CECS 12	3718	1
湿式消防系统	150.0 mm	660	钢塑复合CECS 12	3718	1
湿式消防系统	150.0 mm	800	钢塑复合CECS 12	3718	1
湿式消防系统	150.0 mm	3283	钢塑复合CECS 12	3718	1
湿式消防系统	150.0 mm	503	钢塑复合CECS 12	3718	1
湿式消防系统	80.0 mm	1913	钢塑复合CECS 12	3756	1
湿式消防系统	150.0 mm	205	钢塑复合CECS 12	3943	1

图 11-32 删除列

（6）"明细表"属性选项板如图 11-33 所示，在该属性选项板中分别单击"字段""过滤器""排序/成组""格式""外观"选项对应的"编辑"按钮 编辑... ，打开"明细表属性"对话框对应的选项卡，单击"排序/成组"面板中的"编辑"按钮 编辑... ，打开"明细表属性"对话框中的"排序/成组"选项卡，设置"排序方式"为"底部高程"，单击"升序"单选按钮，取消勾选"逐项列举每个实例"复选框，如图 11-34 所示。单击"确定"按钮，更改明细表排序如图 11-35 所示。

图 11-33 "明细表"属性选项板

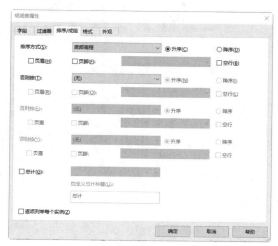

图 11-34 "排序/成组"选项卡

<自动喷水灭火系统管道明细表>					
A	B	C	D	E	F
系统分类	尺寸		材料名称	底部高程	合计
	直径	长度			
湿式消防系统	150.0 mm		钢塑复合CECS 12	-583	4
湿式消防系统	150.0 mm	1013	钢塑复合CECS 12	-348	2
湿式消防系统			钢塑复合CECS 12	-305	3
湿式消防系统	150.0 mm	185	钢塑复合CECS 12	735	2
湿式消防系统	20.0 mm		钢塑复合CECS 12	1010	6
湿式消防系统	20.0 mm	693	钢塑复合CECS 12	1042	2
湿式消防系统	150.0 mm	2448	钢塑复合CECS 12	1200	2
湿式消防系统	25.0 mm	1914	钢塑复合CECS 12	1861	1
湿式消防系统	20.0 mm	324	钢塑复合CECS 12	3400	1
湿式消防系统	25.0 mm		钢塑复合CECS 12	3451	180
湿式消防系统	150.0 mm		钢塑复合CECS 12	3718	62
湿式消防系统	100.0 mm		钢塑复合CECS 12	3743	26
湿式消防系统	80.0 mm		钢塑复合CECS 12	3756	9
湿式消防系统	50.0 mm		钢塑复合CECS 12	3770	4
湿式消防系统	32.0 mm		钢塑复合CECS 12	3779	4
湿式消防系统	25.0 mm		钢塑复合CECS 12	3783	184
湿式消防系统	150.0 mm	205	钢塑复合CECS 12	3943	2
湿式消防系统	150.0 mm	196	钢塑复合CECS 12	3952	2
湿式消防系统	150.0 mm		钢塑复合CECS 12	4218	2

图 11-35　更改明细表排序

（7）选取明细表的标题栏，单击"修改明细表/数量"选项卡，在"外观"面板中单击"着色"按钮 ，打开如图 11-36 所示的"颜色"对话框，选取颜色，单击"确定"按钮，为标题栏添加背景颜色，如图 11-37 所示。

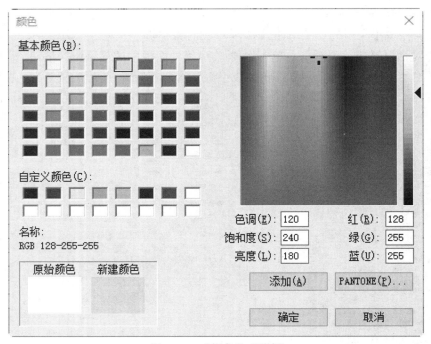

图 11-36　"颜色"对话框

<自动喷水灭火系统管道明细表>					
A	B	C	D	E	F
	尺寸				
系统分类	直径	长度	材料名称	底部高程	合计
湿式消防系统	150.0 mm		钢塑复合CECS 12	-583	4
湿式消防系统	150.0 mm	1013	钢塑复合CECS 12	-348	2
湿式消防系统			钢塑复合CECS 12	-305	3
湿式消防系统	150.0 mm	185	钢塑复合CECS 12	735	2
湿式消防系统	20.0 mm		钢塑复合CECS 12	1010	6
湿式消防系统	20.0 mm	693	钢塑复合CECS 12	1042	2
湿式消防系统	150.0 mm	2448	钢塑复合CECS 12	1200	2
湿式消防系统	25.0 mm	1914	钢塑复合CECS 12	1861	1
湿式消防系统	20.0 mm	324	钢塑复合CECS 12	3400	1
湿式消防系统	25.0 mm		钢塑复合CECS 12	3451	180
湿式消防系统	150.0 mm		钢塑复合CECS 12	3718	62
湿式消防系统	100.0 mm		钢塑复合CECS 12	3743	26
湿式消防系统	80.0 mm		钢塑复合CECS 12	3756	9
湿式消防系统	50.0 mm		钢塑复合CECS 12	3770	2
湿式消防系统	32.0 mm		钢塑复合CECS 12	3779	2
湿式消防系统	25.0 mm		钢塑复合CECS 12	3783	184
湿式消防系统	150.0 mm	205	钢塑复合CECS 12	3943	2
湿式消防系统	150.0 mm	196	钢塑复合CECS 12	3952	2
湿式消防系统	150.0 mm		钢塑复合CECS 12	4218	2

图 11-37　为标题栏添加背景颜色

（8）选取表头栏，单击"修改明细表/数量"选项卡，在"外观"面板中单击"字体"按钮 $A_{\!\!\!\!/}$，打开"编辑字体"对话框，设置"字体"为"宋体"，勾选"粗体"复选框，单击"字体颜色"色块，打开"颜色"对话框，选取红色，单击"确定"按钮，返回"编辑字体"对话框，如图 11-38 所示，单击"确定"按钮，更改字体，如图 11-39 所示。

图 11-38　"编辑字体"对话框

<自动喷水灭火系统管道明细表>					
A	B	C	D	E	F
	尺寸				
系统分类	直径	长度	材料名称	底部高程	合计
湿式消防系统	150.0 mm		钢塑复合CECS 12	-583	4
湿式消防系统	150.0 mm	1013	钢塑复合CECS 12	-348	2
湿式消防系统			钢塑复合CECS 12	-305	3
湿式消防系统	150.0 mm	185	钢塑复合CECS 12	735	2
湿式消防系统	20.0 mm		钢塑复合CECS 12	1010	6
湿式消防系统	20.0 mm	693	钢塑复合CECS 12	1042	2
湿式消防系统	150.0 mm	2448	钢塑复合CECS 12	1200	2
湿式消防系统	25.0 mm	1914	钢塑复合CECS 12	1861	1
湿式消防系统	20.0 mm	324	钢塑复合CECS 12	3400	1
湿式消防系统	25.0 mm		钢塑复合CECS 12	3451	180
湿式消防系统	150.0 mm		钢塑复合CECS 12	3718	62
湿式消防系统	100.0 mm		钢塑复合CECS 12	3743	26
湿式消防系统	80.0 mm		钢塑复合CECS 12	3756	9
湿式消防系统	50.0 mm		钢塑复合CECS 12	3770	2
湿式消防系统	32.0 mm		钢塑复合CECS 12	3779	2
湿式消防系统	25.0 mm		钢塑复合CECS 12	3783	184
湿式消防系统	150.0 mm	205	钢塑复合CECS 12	3943	2
湿式消防系统	150.0 mm	196	钢塑复合CECS 12	3952	2
湿式消防系统	150.0 mm		钢塑复合CECS 12	4218	2

图 11-39　更改字体

（9）在属性选项板中的过滤器栏中单击"编辑"按钮 编辑… ，打开"明细表属性"对话框，设置"过滤条件"为"直径""等于""150mm"，如图 11-40 所示，单击"确定"按钮，明细表中只显示直径为 150mm 的管道，其他管道被隐藏，如图 11-41 所示。

> **提示：**
> 在"明细表属性"对话框的"过滤器"选项卡中最多可以创建四个过滤器，并且所有的过滤器都必须满足数据显示的条件。可以使用明细表字段的许多类型创建过滤器，这些类型包括文字、编号、整数、长度、面积、体积、是/否、楼层和关键字明细表参数。但是 famliy、type、族和类型、面积类型（在面积明细表中）、从房间到房间（在门明细表中）和材质参数不支持过滤。

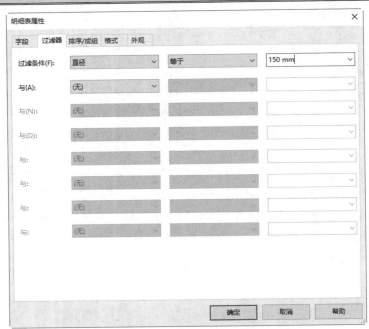

图 11-40 "明细表属性"对话框

<自动喷水灭火系统管道明细表>					
A	B	C	D	E	F
	尺寸				
系统分类	直径	长度	材料名称	底部高程	合计
湿式消防系统	150.0 mm		钢塑复合CECS 12	-583	4
湿式消防系统	150.0 mm	1013	钢塑复合CECS 12	-348	2
湿式消防系统	150.0 mm	3962	钢塑复合CECS 12	-305	2
湿式消防系统	150.0 mm	185	钢塑复合CECS 12	735	2
湿式消防系统	150.0 mm	2448	钢塑复合CECS 12	1200	2
湿式消防系统	150.0 mm		钢塑复合CECS 12	3718	62
湿式消防系统	150.0 mm	205	钢塑复合CECS 12	3943	2
湿式消防系统	150.0 mm	196	钢塑复合CECS 12	3952	2
湿式消防系统	150.0 mm		钢塑复合CECS 12	4218	2

图 11-41 过滤显示

11.2.3 将明细表导出到 CAD

（1）打开明细表文件，在明细表视图中执行"文件"→"导出"→"CAD 格式"命令，导出 CAD 格式的选项显示为灰色，不可用，如图 11-42 所示。

视频：将明细表导出到 CAD

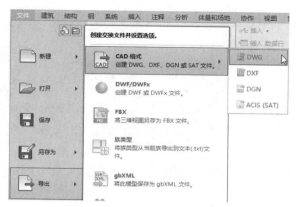

图 11-42　导出 CAD 格式

（2）执行"文件"→"导出"→"报告"→"明细表"命令，打开"导出明细表"对话框，设置保存位置，并输入"文件名"为"自动喷水灭火系统管道明细表"，如图 11-43 所示。

图 11-43　"导出明细表"对话框

（3）单击"保存"按钮，打开如图 11-44 所示的"导出明细表"对话框，采用默认设置，单击"确定"按钮。

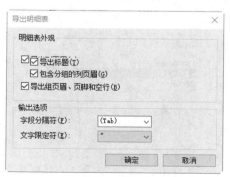

图 11-44　"导出明细表"对话框

"导出明细表"对话框中的选项说明如下。

- 导出列页眉：指定是否导出列页眉。

- 导出标题：只导出标题。

- 包含分组的列页眉：导出所有列页眉，包括成组的列页眉单元。

- 分段分隔符：指定使用制表符、空格、逗号或分号来分隔输出文件中的字段。

- 文字限定符：指定使用单引号或双引号来括起输出文件中每个字段的文字，或者不使用任何注释符号。

（4）将上一步保存的"自动喷水灭火系统管道明细表.txt"文件的后缀名改为".xls"，然后将其打开，如图 11-45 所示。

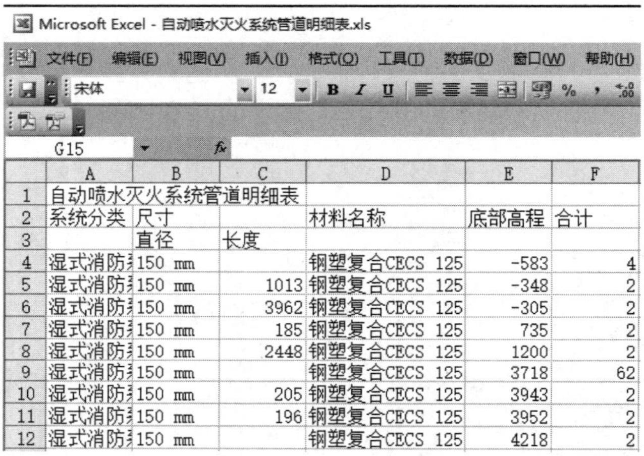

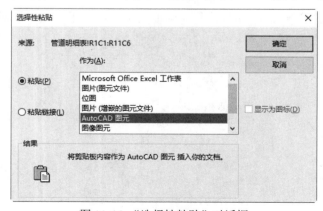

图 11-45　Excel 表格

（5）框选明细表中的内容，执行"编辑"→"复制"命令，复制明细表。

（6）打开 AutoCAD 软件，新建一空白文件。单击"默认"选项卡，在"剪贴板"面板的"粘贴"下拉列表中单击"选择性粘贴"按钮，打开"选择性粘贴"对话框，在"作为"列表框中选择"AutoCAD 图元"选项，如图 11-46 所示，单击"确定"按钮。

图 11-46　"选择性粘贴"对话框

（7）系统命令行中提示"指定插入点或[作为文字粘贴]"，在绘图区中适当位置单击，插入明细表，如图 11-47 所示。

自动喷水灭火系统管道明细表					
系统分类	尺寸		材料名称	底部高程	合计
	直径	长度			
湿式消防系统	150 mm		钢塑复合CECS 125	-583.0000	4.0000
湿式消防系统	150 mm	1013.0000	钢塑复合CECS 125	-348.0000	2.0000
湿式消防系统	150 mm	3962.0000	钢塑复合CECS 125	-305.0000	2.0000
湿式消防系统	150 mm	185.0000	钢塑复合CECS 125	735.0000	2.0000
湿式消防系统	150 mm	2448.0000	钢塑复合CECS 125	1200.0000	2.0000
湿式消防系统	150 mm		钢塑复合CECS 125	3718.0000	62.0000
湿式消防系统	150 mm	205.0000	钢塑复合CECS 125	3943.0000	2.0000
湿式消防系统	150 mm	196.0000	钢塑复合CECS 125	3952.0000	2.0000
湿式消防系统	150 mm		钢塑复合CECS 125	4218.0000	2.0000

图 11-47　插入明细表

（8）选取单元格，打开如图 11-48 所示的"表格单元"选项卡，可以对明细表进行编辑，这里不再详细介绍，读者可以根据需要，利用 Auto CAD 软件进行编辑。

图 11-48　"表格单元"选项卡

‖ 11.3　配电盘明细表 ‖

配电盘明细表显示有关配电盘、连接到配电盘的线路及其相应负荷的信息。

11.3.1　创建配电盘明细表

视频：创建配电
盘明细表

（1）单击快速访问工具栏中的"打开"按钮 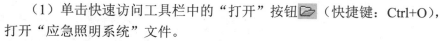（快捷键：Ctrl+O），打开"应急照明系统"文件。

（2）单击"分析"选项卡，在"报告和明细表"面板中单击"配电盘 明细表"按钮（快捷键：PS），打开"创建配电盘明细表"对话框，如图 11-49 所示。勾选一个或多个配电盘复选框，单击"确定"按钮，生成配电盘明细表，如图 11-50 所示。配电盘明细表中的功能说明如表 11-1 所示。

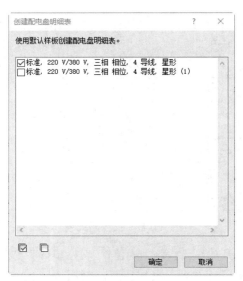

图 11-49 "创建配电盘明细表"对话框

分支配电盘:

位置:	伏特: 220/380 Wye		A.I.C. 额定值:
供给源:	相位: 3		干线类型:
安装: 暗装	导线: 4		干线额定值:
配电箱: UL94 V-0			MCB 额定值: 1 A

注释:

CKT	线路说明	跳闸	极	A	B	C
1						
2						
3						
4						
5						
6						
7						
8						
9						
10						
11						
12						
13						
14						
15						
16						
17						
18						
19						
20						
21						
		总负荷:		0 VA	0 VA	0 VA
		总安培数:		0 A	0 A	0 A

图例:

图 11-50 配电盘明细表

表 11-1 配电盘明细表中的功能说明

功　　能	说　　明
分支配电盘	配电盘名称
位置	安装配电盘所在的房间
伏特	配电盘支持的配电系统
A.I.C.额定值	额定短路值
供给源	制造商
相位	配电盘可用的相位数

续表

功　能	说　明
干线类型	给配电盘供电的干线类型
安装	安装类型，明装或暗装
导线	为指定给此配电盘的配电系统指定的导线数
干线额定值	给配电盘供电的干线的额定值
配电箱	包围配电盘的机箱类型
MCB 额定值	给断路器的额定值
总负荷	全部三个相位的总视在负荷
CKT	线路数
A/B/C	相位
跳闸	断路器的额定跳闸电流
极	断路器上的极数

11.3.2　修改配电盘明细表

（1）在平面图中选取配电盘明细表对应的配电盘，打开如图 11-51 所示的"应急照明箱"属性选项板，在"常规"列表框和"电气-线路"列表框中分别输入对应的值，明细表中的信息也会随之更改，将"线路命名"更改为"按相位"，明细表如图 11-52 所示。

视频：修改配电盘明细表

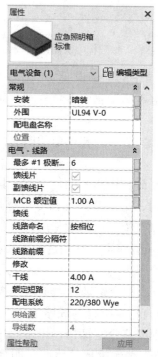

图 11-51　"应急照明箱"属性选项板

分支配电盘：

位置：
供给源：
安装：暗装
配电箱：UL94 V-0

伏特：220/380 Wye
相位：3
导线：4

A.I.C. 额定值：12
干线类型：15
干线额定值：4 A
MCB 额定值：1 A

注释：

CKT	线路说明	跳闸	极	A	B	C
A1						
B1						
C1						
A2						
B2						
C2						
A3						
B3						
C3						
A4						
B4						
C4						
A5						
B5						
C5						
A6						
B6						
C6						
A7						
B7						
C7						
		总负荷：		0 VA	0 VA	0 VA
		总安培数：		0 A	0 A	0 A

图 11-52　更改明细表信息及线路命名

（2）打开配电盘明细表，显示如图 11-53 所示的"修改配电盘明细表"选项卡，通过此选项卡可以对配电盘明细表进行修改。

图 11-53　"修改配电盘明细表"选项卡

"修改配电盘明细表"选项卡中的选项说明如下。

- 重新平衡负荷：在配电盘明细表中重新分布负荷，以便每个相位上的负荷尽可能相等。

- 上移/下移：通过上移/下移调整选定插槽的位置，在配电盘上重新排列线路/备件/空间。

- 交叉移动：将线路移动到配电盘另一侧的同一排。只有在线路可以实际地直接交叉移入相对的插槽中时，才能启用此命令。该命令在单列"分支"模板、"开关模板"和"数据配电盘"模板中无法使用。

- 移动到：将选定线路或线路组移动到选定的目标插槽，从而交换线路的位置。对于锁定的线路，该命令不可用。

- 指定备件：选取一个或多个空插槽，单击此按钮，将空插槽标记为"备件"。"备件"字样将显示在所有选定插槽的线路说明列中，默认相位值为 0。

- 指定空间：选取一个或多个空插槽，单击此按钮，将空插槽标记为"空间"。"空间"字样将显示在所有选定插槽的线路说明列中。在默认情况下，空间是锁定的，要用线路替换空间，必须先将空间解锁。

- 删除备件/空间🔧：删除备件和空间，创建空插槽，以添加附加的线路。
- 锁定/解锁🔒：将线路/备件/空间锁定在配电盘中的某个特定位置，从而锁定在特定的相位。在平衡配电盘的负荷时，可以只平衡一部分线路。可以将这些线路中的一部分锁定在适当位置，只平衡配电盘上其余的线路。当线路被锁定时，"重新平衡负荷"命令只平衡未锁定的插槽，锁定的插槽保持不变。插槽锁定时，单元格会着色。
- 成组/解组🔲：可以将单极线路/备件组合在一起，作为一个多极线路，并支持共用中性连线。成组的插槽可以在配电盘上移动，实现重新平衡。

  更新名称🔲：更新配电盘明细表上的线路名称。在配电盘上及项目浏览器"配电盘明细表"文件夹内关联配电盘明细表中的名称将更新。配电盘名称的更新为了反映 Revit 自动指定给线路的负荷名称的变化，该负荷名称基于负荷种类、空间名称和空间编号。
- 编辑字体𝐀：选择行，单击此按钮，打开"编辑字体"对话框，对明细表中的字体进行设置。
- 水平对齐≡：水平对齐列标题下各行中的文字，包括左、中心和右。
- 垂直对齐≡：垂直对齐列标题下各行中的文字，包括顶、中心和底。

11.3.3　管理配电盘明细表样板

视频：管理配电盘
明细表样板

（1）单击"管理"选项卡，在"设置"面板的"配电盘明细表样板"🔲下拉列表中单击"管理样板"按钮🔲，打开如图 11-54 所示的"管理配电盘明细表样板"对话框。

图 11-54　"管理配电盘明细表样板"对话框

227

"管理配电盘明细表样板"对话框中的选项说明如下。

- ✏编辑：单击此按钮，打开"修改配电盘明细表样板"选项卡，对样板进行编辑。

- 📋复制：通过创建现有样板的一个副本，对其进行修改，创建新的样板。单击此按钮，打开如图 11-55 所示的"复制配电盘明细表样板"对话框，输入"名称"，单击"确定"按钮，复制配电盘明细表样板。

- 🔠重命名：单击此按钮，打开如图 11-56 所示的"重命名配电盘明细表样板"对话框，输入样板的"新名称"，单击"确定"按钮，重命名配电盘明细表样板。

图 11-55 "复制配电盘明细表样板"对话框　　　图 11-56 "重命名配电盘明细表样板"对话框

- 🗑删除：若现有样板不与任何配电盘相关联，则可以删除该样板。

（2）在"应用样板"选项卡中，指定样板类型、配电盘配置，选择配电盘明细表，在"应用样板"下拉列表中指定要应用到选定配电盘的样板，单击"确定"按钮，配电盘明细表现在与所选的样板相关联。

11.3.4　编辑配电盘明细表样板

（1）单击"管理"选项卡，在"设置"面板的"配电盘明细表样板" 🖼 下拉列表中单击"编辑样板"按钮 📝，打开如图 11-57 所示的"编辑样板"对话框。

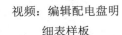

视频：编辑配电盘明
细表样板

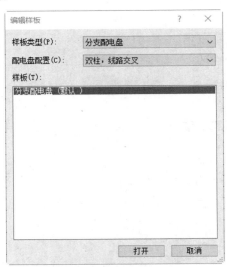

图 11-57 "编辑样板"对话框

（2）单击"打开"按钮，进入分支配电盘样板界面，打开如图 11-58 所示的"修改配电盘明细表样板"选项卡。

图 11-58 "修改配电盘明细表样板"选项卡

该选项卡中大部分选项在 11.2.2 节的修改明细表中做了介绍，下面主要介绍特定于配电盘明细表的选项。

- 设置样板选项：可以自定义配电盘明细表的外观，可以指定外观的常规设置，线路表和负荷汇总，单击此按钮，打开如图 11-59 所示的"设置样板选项"对话框。

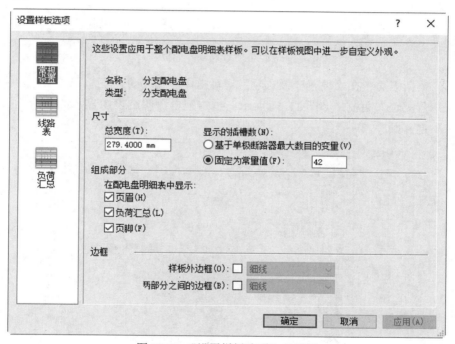

图 11-59 "设置样板选项"对话框

- ➢ 常规设置：在该选项卡中可以自定义配电盘明细表的整体外观，如宽度、零件、边界，以及显示的插槽和零件的数量。
- ➢ 线路表：在"设置样板选项"对话框中单击"线路表"按钮，切换到"线路表"面板，如图 11-60 所示。指定配电盘明细表线路信息和线路相关设置的布局。

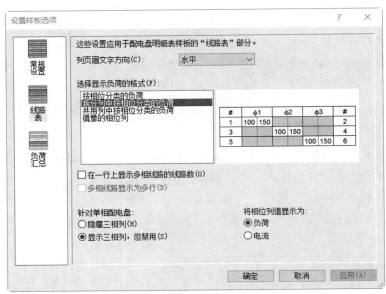

图 11-60 "线路表"面板

> 负荷汇总：在"设置样板选项"对话框中单击"负荷汇总"按钮，切换到"负荷汇总"面板，如图 11-61 所示。指定配电盘明细表中显示的负荷种类，并指定其顺序。

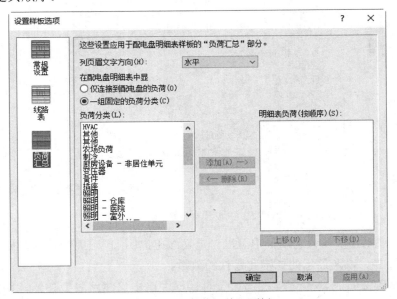

图 11-61 "负荷汇总"面板

• 冻结行和列 📰：冻结或解冻行和列的宽度和高度。冻结行和列后，可以使用"调整列宽"和"调整行宽"命令来调整行和列的尺寸，但是不能通过使用"表夹点"命令来调整其尺寸。

（3）在明细表中选择一个单元格，在选项卡的"选择类别"下拉列表中选择类别。

（4）在"添加参数"下拉列表中选择一个参数。参数的占位符将填充选定的行，该参数的值在创建时显示在配电盘明细表中。

（5）可以在样板中添加、编辑或删除参数的标签（标签是静态文字，与参数没有关联）。

（6）修改后，单击"完成样板"按钮，完成配电盘明细表样板的编辑。

11.4　上 机 操 作

1．目的要求

对 3.3 节上机操作创建的自动喷水灭火系统进行工程量统计。

2．操作提示

（1）创建管道明细表。

（2）修改明细表。

反侵权盗版声明

　　电子工业出版社依法对本作品享有专有出版权。任何未经权利人书面许可，复制、销售或通过信息网络传播本作品的行为；歪曲、篡改、剽窃本作品的行为，均违反《中华人民共和国著作权法》，其行为人应承担相应的民事责任和行政责任，构成犯罪的，将被依法追究刑事责任。

　　为了维护市场秩序，保护权利人的合法权益，我社将依法查处和打击侵权盗版的单位和个人。欢迎社会各界人士积极举报侵权盗版行为，本社将奖励举报有功人员，并保证举报人的信息不被泄露。

举报电话：（010）88254396；（010）88258888

传　　真：（010）88254397

E-mail：　dbqq@phei.com.cn

通信地址：北京市万寿路 173 信箱

　　　　　电子工业出版社总编办公室

邮　　编：100036